家畜生理

李敬双 等 编著

中国农业科学技术出版社

图书在版编目（CIP）数据

家畜生理／李敬双等编著 . —北京：中国农业科学技术出版社，2013.4
ISBN 978 – 7 – 5116 – 1400 – 1

Ⅰ. ①家… Ⅱ. ①李… Ⅲ. ①家畜 – 生理学 Ⅳ. ①S852. 21

中国版本图书馆 CIP 数据核字（2013）第 244894 号

责任编辑 闫庆健 胡晓蕾
责任校对 贾晓红

出 版 者 中国农业科学技术出版社
         北京市中关村南大街 12 号 邮编：100081
电 话 （010）82106632（编辑室）（010）82109704（发行部）
       （010）82109709（读者服务部）
传 真 （010）82106632
网 址 http：//www. castp. cn
经 销 者 各地新华书店
印 刷 者 北京富泰印刷有限责任公司
开 本 787 mm×1 092 mm 1/16
印 张 14.25
字 数 400 千字
版 次 2013 年 4 月第 1 版 2015 年 1 月第 2 次印刷
定 价 40.00 元

《家畜生理》编委会

编　著　李敬双（辽宁医学院）

　　　　李　敏（辽宁医学院）

　　　　郭　伶（辽宁医学院）

　　　　何宇喜（辽宁省绥中县动物卫生监督所）

　　　　孟凡曜（锦州市太和区动物疫病预防控制中心）

　　　　王金莉（辽宁医学院）

主　审　于　洋（辽宁医学院）

前　　言

　　生理学是生物科学的一个分支，家畜生理是生理学的重要分支，家畜生理是研究健康家畜正常的生命活动规律的一门科学。研究内容包括：生命活动现象、机体各部分的功能和各部分的相互关系。

　　家畜生理是动物医学专业、动物科学专业和动植物检疫专业的一门专业基础学科，学习和掌握家畜生理的理论知识和实践技能，即可以为基础兽医学、预防兽医学、临床兽医学和其他相关学科奠定基础，也可以直接为畜牧兽医工作者服务。为了满足从事动物医学专业、动物科学专业和动植物检疫专业的学者和工作人员的需要，特此编写此专著。

　　专著内容的选择以培养应用性人才为目标，理论以必需和够用为度的原则，注重突出实践性，推陈出新，主线清晰，深入浅出，理论联系实际。宗旨是为动物医学专业、动物科学专业和动植物检疫专业的学者和工作人员的学习提供重要资料。

　　专著具有独特性和创新性，呈现方式符合学者的心理特点和规律，注意用生动形象的方法激发学者的兴趣。编写注意形式多样、版面活泼，文字通俗流畅，图文并茂。图标直接用汉字，非常醒目；内容编写通过举例和联系实际，通俗易懂，增强学者学习的积极性；有些内容用列表叙述，示意图表示，直观易懂；图片绝大多数为作者独创，清晰明朗。

　　本专著由长期从事动物生理学教学工作，具有丰富教学和实践经验的教师以及从事实践工作的技术人员编写。编写人员有李敬双（第一章、第二章、第十二章、第十三章）、李敏（第七章、第十一章）、郭伶（第三章、第五章）、王金莉（第四章、第六章、第十章）、何宇喜（第八章）、孟凡曜（第九章），最后由李敬双教授统稿。由于洋教授主审，在审定过程中提出了宝贵的意见，在此表示衷心的感谢！

　　由于编写者的水平，书中难免存在不足，恳求广大读者批评和指正。

编者

2013 年 8 月

目 录

第一章 绪 论

第一节 家畜生理的研究内容和方法

一、家畜生理的研究内容

（一）家畜生理的概念

生理学是生物科学的一个分支，家畜生理是生理学的重要分支，家畜生理是研究健康家畜正常的生命活动规律的一门科学。

（二）家畜生理的研究内容

家畜的正常生命活动，首先建立在自身结构与功能完整统一的基础上，具体表现为机体各部分的活动密切联系、相互协调，使机体内部的功能保持相对恒定。其次，机体和环境之间也保持着密切的联系。周围环境的变化，必然导致动物机体各系统的机能发生与之相适应的变化。家畜生理的研究内容包括以下 3 个方面。

（1）生命活动现象 研究动物机体各系统、器官和细胞的正常活动过程和规律。

（2）机体各部分的功能 揭示动物机体各系统、器官和细胞功能表现的内部机制。

（3）各部分的相互关系 探讨不同系统、器官和细胞之间的相互联系和相互作用，阐明机体如何协调各组成部分的功能。

（三）家畜生理学的研究水平

家畜生理学的研究往往从不同的角度、采用不同的方法和技术，在不同层次进行研究。涉及细胞和分子、器官和系统、整体 3 个不同水平。

1. 细胞和分子水平

以细胞及其所含的物质分子为研究对象，研究生命的物质特点和它的运动规律，阐明某一生理机制。各种生理活动都是在细胞内进行的物理过程和化学反应，如腺细胞的分泌、神经细胞的生物电活动、肌细胞的收缩等。细胞的活动主要取决于组成细胞的各种分子，如基因表达的调控。

2. 器官和系统水平

以器官系统为研究对象，观察和研究各器官系统的活动特征、内在机制、影响和控制它们的因素以及它们对整体活动的作用及意义。如要了解食物在胃肠道的消化和吸收，以及神经和体液因素对其活动的调节，就要以胃肠道作为研究对象。

3. 整体水平

从整体观点出发，研究机体各器官系统的功能活动规律及其调节、整合过程以及机体与生活环境之间的相互作用，阐明当内外环境变化时机体功能活动的变化规律及整合机制。如交感神经兴奋时，心率加快、血压升高、消化腺分泌减少、胃肠运动减慢。

二、家畜生理的研究方法

家畜生理的研究方法就是动物实验法。实验方法分为急性实验和慢性实验 2 类。

（一）急性实验

急性实验按研究目的和需要又可分为 2 种，即离体器官实验和活体解剖实验。

1. 离体器官实验

从动物体内取出器官，置于与体内环境相似的人工模拟环境中，使其在短时间内保持生理功能，以便进行研究。如心脏自动节律性的观察。

2. 活体解剖实验

在麻醉或毁坏大脑的情况下，暴露所要研究的器官，以便进行各种实验。如小肠吸收的观察（图 1 −1）。

图 1 −1　兔小肠吸收的观察

急性实验的特点：通常都不能持久，一般实验后动物都会死亡。

急性实验的优点：实验条件简单，不需要无菌条件。

急性实验的缺点：不能完全代表正常生理条件下的功能状态，属于分析性研究。

（二）慢性实验

慢性实验一般需在无菌、麻醉条件下手术，待动物清醒和恢复健康后再进行实验。一般来说，进行这类实验的动物都需在一定部位安置慢性瘘管，以便直接观察某些器官的生理活动规律。如犬唾液腺分泌的观察（图 1 - 2）。

图 1 - 2　犬唾液腺分泌的观察

慢性实验的特点：都以完整、健康的动物为研究对象。

慢性实验的优点：能反映动物正常的生理活动。

慢性实验的缺点：不便于分析诸多的影响因素。

第二节　机体功能与环境

一、生命活动的基本特征

生命活动的基本特征包括新陈代谢、兴奋性、适应性和生殖。

（一）新陈代谢

新陈代谢是指机体与环境之间不断进行物质和能量交换，以实现自我更新的过程。它包括物质代谢和能量代谢 2 个方面，物质代谢又包括同化作用和异化作用。

1. 同化作用

同化作用又称合成代谢，是机体不断从外界获得营养物质以合成体内新的物质，并储存能量的过程。

2. 异化作用

异化作用又称分解代谢，机体不断分解自身原有的物质，释放能量以供给各种生命活动的需要，并将分解终产物排出体外的过程。

生命活动过程中的这种物质形式的转变过程称为物质代谢。生物体内伴随物质代谢而发生的能量的释放、转移、储存和利用的过程称为能量代谢。

（二）兴奋性

1. 兴奋性

动物机体、器官、组织或细胞在内外环境发生变化时，其功能活动发生相应改变的特性。或者说细胞受到刺激时产生动作电位的能力。

2. 刺激和反应

（1）刺激　使机体新陈代谢发生改变的各种因素称为刺激。

刺激的种类：包括机械性刺激、物理性刺激、化学性刺激和生物性刺激。

刺激的强度：分为阈刺激、阈上刺激和阈下刺激。阈刺激是使机体发生反应的最小刺激强度；阈下刺激小于阈刺激，使机体不发生反应；阈上刺激大于阈刺激，使机体发生反应。

（2）反应　在刺激作用下机体新陈代谢发生改变的能力。反应的形式分为兴奋和抑制2种。兴奋是指组织、细胞由相对静止状态转变为活动状态，或由活动较弱状态转变为活动增强状态的过程；抑制是指组织、细胞由活动状态转变为相对静止状态，或由活动较强状态转变为活动较弱状态的过程。

（三）适应性

动物机体、器官、组织或细胞能随着外界环境的变化调整自身生理功能以适应环境变化的特性（或机体能主动地适应外界环境的变化而生存的特性）。

（四）生殖

机体发育到一定阶段，就能产生与自身相似的个体，这一特性称为生殖。

二、机体内环境及其稳态

（一）体液和内环境

1. 体液

体液指机体内的水分和溶解水中物质的总称。大约占体重的60%。

2. 体液的分布

根据存在的部位不同，将体液分为细胞内液和细胞外液。

（1）细胞内液　存在细胞内，约占体重的40%。

（2）细胞外液　存在细胞外，约占体重的20%。

①血浆：存在血管内。

②淋巴液：存在淋巴管内，血浆和淋巴液约占体重的5%。

③组织液：存在组织细胞之间，约占体重的15%。

④跨细胞液：除血浆、淋巴液和组织液以外的细胞外液统称跨细胞液。有关节液、脑脊液、胸腔液、腹腔液、眼房水和心包液等。在量上很少，可忽略不计。

3. 细胞内液和外液之间的关系

细胞内液、血浆、组织液和淋巴液的关系见图1-3。

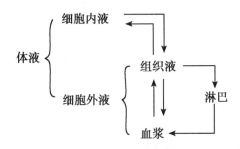

图1-3　细胞内液、血浆、组织液和淋巴液的关系

4. 内环境

内环境是指组织细胞直接生存和浸浴的场所，即细胞外液。

（二）稳态

1. 稳态

内环境的理化性质在很小的范围内波动的生理学现象称为稳态。包括组成成分、相互比例、酸碱度、温度和渗透压等。

2. 稳态的生物学意义

稳态是维持各种细胞、器官正常生理功能的基础，也是维持整个机体正常生命活动的必要条件。

第三节　机体功能的调节

机体功能的调节方式有神经调节、体液调节和自身调节。

（一）神经调节

神经调节是通过神经系统的活动来调节机体的生理功能。

1. 神经调节的基本方式

神经调节的基本方式是反射。反射是在中枢神经系统的参与下，机体对内外环境的变化作出的规律性应答反应。

2. 反射活动的基本结构

反射活动的基本结构是反射弧。反射弧组成：感受器→传入神经→神经中枢→传出神经→效应器。要想实现反射必须保证反射弧结构和功能的完整性，任何一部分受到损伤，反射都不能实现。反射弧的分析实验如图1-4和图1-5所示。

3. 神经调节的特点

快速、精确、局限、短暂，具有高度整合能力。

图1-4　蟾蜍反射弧完整的实验　　　　图1-5　蟾蜍反射弧破坏的实验

（二）体液调节

体液调节是指机体某些特定的细胞，能合成并分泌某些具有信息传递功能的化学物质，经体液运输到靶组织、靶细胞，作用于靶细胞相应的受体，对靶细胞的活动进行调节。

化学物质包括：激素、生物活性物质（如组胺、激肽和前列腺素）、乳酸和二氧化碳等。

1. 调节方式

（1）全身性的体液调节　由内分泌细胞产生的激素，进入血液循环系统，被运送到全身各处，对某些特定的组织起作用。

（2）局部性的体液调节　如内分泌细胞产生的激素，进入组织液，调节临近细胞的生理功能。

2. 体液调节的特点

比较缓慢、范围广泛、持续时间长。

（三）自身调节

1. 自身调节

当内外环境发生变化时，机体器官、组织或细胞的功能可自动发生适应性的反应称为自身调节。如肾小动脉通过调节肾血流量来维持血压。

2. 自身调节的特点

调节能力较小。

综上所述，机体功能的调节如表 1-1 所示。

表 1-1 机体功能调节的方式、作用、生理意义和特点

调节方式		作用	生理意义	特点
神经调节		以传递信号	主要调节方式	迅速、准确、局限、持续时间短
体液调节	全身性体液调节	主要是以激素为调节物，经血液运至全身	调节代谢、生长发育与生殖	缓慢、范围广泛、持续时间长
	局部性体液调节	某些组织细胞产生的化学物质，扩散到某部	辅助的调节方式，局部起作用	
自身调节		细胞、组织或器官自身适应性反应过程	维持局部功能稳定	调节能力较小

第四节 机体生理功能的控制系统

机体功能活动的调节原理与机器、通讯系统的运作相似，它的功能调节网属于控制系统。神经调节、体液调节和自身调节在体内形成了不同的控制系统，对机体功能进行调节。控制系统由控制部分和受控部分组成，根据控制部分和受控部分之间的不同关系，控制系统分为非自动控制系统、反馈控制系统和前馈控制系统。

一、非自动控制系统

（一）非自动控制系统

非自动控制系统是指由控制部分（即神经中枢）发出的信号（称为控制信息）可改变受控部分（即效应器）的活动，受控部分的活动不能反过来影响控制部分。

（二）调控方式

非自动控制系统的调控方式是单向的，也称"开环"式，如催乳素释放抑制激素抑制催乳素的分泌，没有反过来的作用。

二、反馈控制系统

反馈控制系统是指由控制部分发出的信号可改变受控部分的活动，反过来受控部分又发出信号（称为反馈信息）（图 1-6）。把受控部分活动的结果不断地报告控制部分，使控制部分得以参照实际情况不断纠正和调节发出的信号，以达到对受控部分精确的调节。这种由受控部分发出反馈信息调整控制部分的作用称为反馈调节。反馈调节分为负反馈和

正反馈。

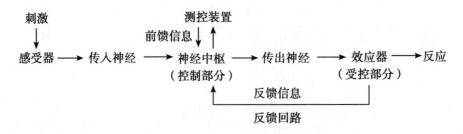

图 1-6 自动控制系统示意图

(一) 负反馈

1. 负反馈

反馈信息抑制或减弱控制部分活动称为负反馈 (图 1-7)。如血糖浓度升高引起胰岛素分泌减少，血糖浓度降低引起胰岛素分泌增多；血压升高时引起减压效应，血压降低时引起加压效应。

2. 负反馈的意义

可以使生理活动保持相对恒定，实现自动化控制。对于保证生理功能的稳定性和精确性非常重要。

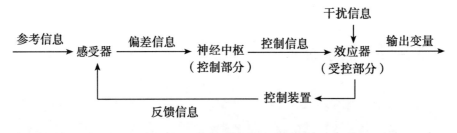

图 1-7 反馈控制系统示意图

(二) 正反馈

1. 正反馈

反馈信息促进或加强控制部分活动称为正反馈。如排尿反射：排尿中枢发动排尿后，尿液刺激后部尿道感受器，后者不断反馈信息进一步加强排尿中枢活动，使排尿反射一再加强，直至尿液排完为止。

2. 正反馈的意义

可以使生理过程不断强化，迅速达到某一状态，完成相应的生理功能。

（三）前馈控制系统

1. 前馈控制系统

前馈控制系统又称适应性控制系统，在受控部分的状态尚未发生改变之前，机体通过某种监测装置得到信息，以更快捷的方式调整控制部分的活动，用以对抗干扰信号对受控部分稳态的破坏（图1-8）。如皮肤遇到寒冷环境刺激，立即将信息传到脑，使代谢增强、产热增加，同时皮肤血管收缩，体表散热减少，有利于维持体温。

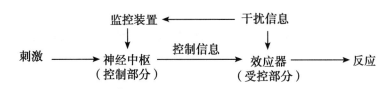

图1-8　前馈控制系统示意图

2. 前馈控制系统的意义

这种形式的调节是适应性控制，实质上是延缓了的负反馈。

第二章　细胞的基本功能

第一节　细胞膜的结构特点和物质转运功能

一、细胞膜的结构特点

细胞膜的结构是液态的脂质双分子层为基架，蛋白质和糖镶嵌其中（图 2 - 1）。

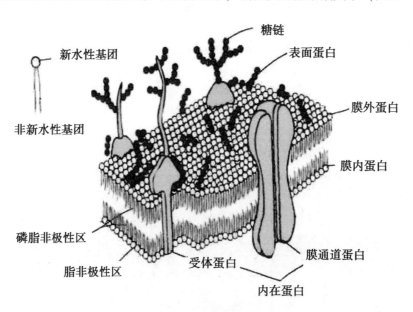

图 2 - 1　细胞膜的结构

（一）脂质双分子层

脂质双分子层由磷脂、胆固醇和糖脂构成（图 2 - 2）。在脂类中磷脂最多，其次是胆固醇，糖脂含量较少。

1. 磷脂

磷脂占脂类总量的 70%，主要是磷酸甘油酯和鞘磷脂。

2. 胆固醇

胆固醇是中性脂类。

3. 糖脂

糖脂是含有 1 个或几个糖基的脂类。

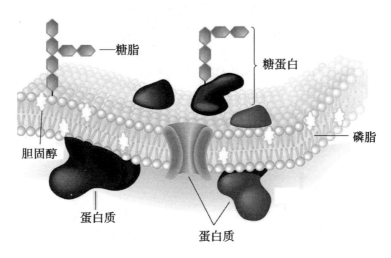

图 2 - 2　细胞膜分子组成

（二）蛋白质

细胞膜上的蛋白质称膜蛋白。

1. 膜蛋白的特点

分子大小不同，形态不一，镶嵌深浅不同，功能不同。

2. 膜蛋白分类

（1）根据膜蛋白的功能　分为转运蛋白（包括载体蛋白、通道蛋白和离子泵）、受体蛋白和抗原标志蛋白。

（2）根据膜蛋白在膜质中的镶嵌方式　分为整合蛋白和表面蛋白。表面蛋白又称外在蛋白，占膜蛋白的 20% ~ 30%。整合蛋白又称内在蛋白，占膜蛋白的 70% ~ 80%。有些整合蛋白横跨质膜全层，两端暴露于细胞膜的内外表面，称为跨膜蛋白；有些则部分嵌入质膜内；有些则深埋于脂质双层中。

（三）糖

细胞膜上的糖类称为膜糖类，以糖蛋白和糖脂的形式存在，分布于细胞膜外侧面（图 2 - 3）。

二、细胞膜的物质转运功能

细胞膜的物质转运功能包括被动转运、主动转运、入胞和出胞（图 2 - 4）。

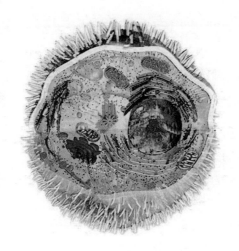

图 2 – 3　细胞膜糖的分布

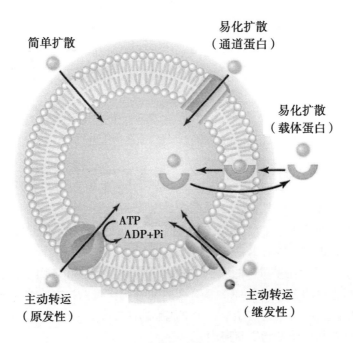

图 2 – 4　细胞膜的物质转运功能

（一）被动转运

被动转运包括简单扩散和易化扩散。

1. 简单扩散

脂溶性物质由细胞膜的高浓度侧向低浓度侧扩散的现象（图 2 –5）。如氧气、二氧化碳出入细胞。

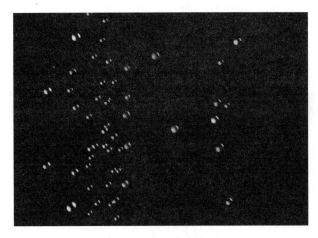

图 2 – 5　细胞膜简单扩散

2. 易化扩散

非脂溶性物质或脂溶性低的物质，在特殊蛋白质的帮助下，由细胞膜的高浓度侧向低浓度侧扩散的现象。易化扩散需要载体蛋白（图 2 – 6）和通道蛋白（图 2 – 7 和图 2 – 8）。如动作电位 Na^+ 内流，静息电位 K^+ 外流属于易化扩散，需要通道蛋白。

被动转运的特点：不消耗能量，由高浓度侧向低浓度侧扩散。

图 2 –6　细胞膜依靠载体蛋白的易化扩散

（二）主动转运

某些物质的分子或离子由细胞膜的低浓度一侧向高浓度一侧转运的过程。

1. 主动转运的特点

细胞本身消耗能量，逆浓度梯度和电位梯度，需要离子泵。

2. 主动转运的种类

包括原发性主动转运和继发性主动转运。

（1）原发性主动转运　直接利用 ATP 水解产生的能量进行离子转运。如 $Na^+ - K^+$ 的

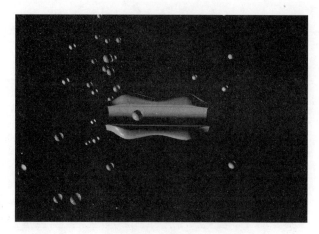

图 2 - 7　细胞膜依靠通道蛋白的易化扩散

图 2 - 8　细胞膜上的通道蛋白

转运（图 2 - 9）。

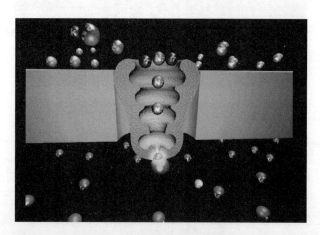

图 2 - 9　细胞膜原发性主动转运

　　（2）继发性主动转运　能量来自于膜外的高势能 Na^+，依赖于 Na^+ 泵活动。如葡萄糖的吸收。

（三）入胞和出胞

1. 入胞

细胞外的大分子物质或团块进入细胞内的过程。分为吞噬和吞饮。

（1）吞噬 进入细胞内的大分子物质是固体的称为吞噬。如中性粒细胞吞噬细菌。

（2）吞饮 进入细胞内的大分子物质是液体的称为吞饮。如中性粒细胞吞噬炎性渗出物。

2. 出胞

细胞内的大分子物质或团块向外排出的过程。如含氮类激素的分泌。

综上所述，细胞膜的物质转运功能如表 2-1 所示。

表 2-1 细胞膜的物质转运功能

转运方式	定义	类型	特点
被动转运	物质顺电-化学梯度转运；仅依靠细胞膜内外的电-化学势能，无需细胞膜额外提供能量；具有双向性，达到平衡时净流量为零	简单扩散	只要细胞膜内外存在电-化学梯度，就有简单扩散发生
		易化扩散	由载体介导的易化扩散有较高的结构特异性、饱和性、竞争性、转运速度快
			由离子通道介导的异化扩散其离子通道只在跨膜电位变化时、受机械张力变形时和某些化学因子出现时才开放，其结构特异性不严格
主动转运	物质逆电-化学梯度转运；由细胞膜或细胞膜所属的细胞提供能量；没有平衡点，被转运的物质甚至可以全部被转运到膜的另一侧	原发性主动转运	所需的能量是由 ATP 直接提供，如是 Na^+ - K^+ 泵，ATP 就存在于泵的一个亚单位上，Na^+ 与该亚单位结合时 ATP 即被分解释放能量，供 Na^+、K^+ 的转运
		继发性主动转运	所需的能量是某物质（离子）的高浓度势能，而这种高浓度势能是细胞基膜或侧膜上泵的活动结果，因此 ATP 是间接供能者
入胞	通过细胞膜的结构和功能的变化来实现，是一种复杂的耗能过程		摄取液体性大分子物质的过程为吞饮，摄取固体颗粒物质的过程为吞噬
出胞			是一种复杂的耗能过程，多见于细胞的分泌活动

第二节 细胞生物电现象

细胞存在生物电现象是由于细胞内、外离子分布不同。细胞膜内，正离子主要是 K^+，负离子主要是蛋白质，膜内 K^+ 的浓度是膜外的 30 倍。细胞膜外，正离子主要是 Na^+，负离子主要是 Cl^-，膜外 Na^+ 的浓度是膜内的 10 倍（图 2-10）。细胞在静息状态和刺激状态对离子的通透不同，形成静息电位和动作电位。

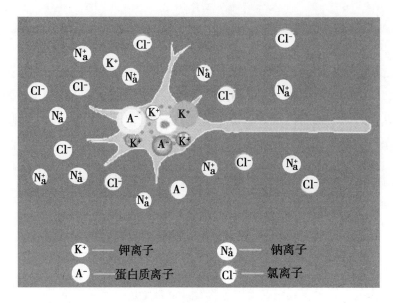

图 2-10 细胞膜内外离子分布

一、静息电位

静息电位是细胞未受到刺激时存在于细胞膜内外两侧的电位差。

（一）静息电位产生的机制

静息状态下，细胞膜对 K^+ 有通透性，K^+ 通道蛋白打开，K^+ 大量外流，膜内电位降低，膜外电位升高，带负电荷的蛋白质留在膜内，对扩散膜外的 K^+ 构成吸引力。使得膜内为负电位，膜外为正电位，这时产生电场力，电场力的作用阻止 K^+ 外流，当电场力达到可以阻止 K^+ 外流时，K^+ 外流停止（图 2-11）。存在于细胞膜内外两侧的电位差为静息电位，静息电位是 K^+ 的平衡电位。

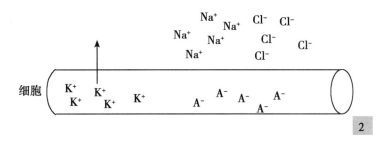

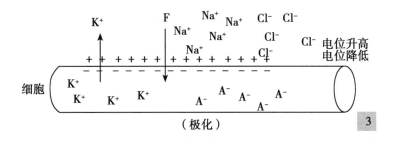

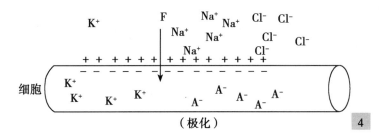

图 2 - 11 静息电位产生的机制

（二）静息电位变化

1. 极化

膜内为负，膜外为正的分极状态称为极化。静息电位为 – 100 ～ – 10mV，其中，骨骼肌细胞为 – 90mV，神经细胞 – 70mV，红细胞 – 10mV。

2. 超极化

静息电位的减小称超极化。

3. 去极化

静息电位的增大称去极化。

4. 反极化

去极化至零电位后，静息电位变为正值称反极化。

5. 超射

膜电位高于零电位的部分称超射。

6. 复极化

去极化后细胞膜再向静息电位方向恢复称复极化。

二、动作电位

动作电位是细胞受到刺激后膜电位的变化过程。

（一）动作电位产生的机制

细胞受到刺激时，发生去极化、复极化和离子恢复的过程。

1. 去极化

细胞受到一个阈刺激（或阈上刺激），细胞膜上的 Na^+ 部分通道开放，有少量 Na^+ 内流，引起细胞膜局部去极化。当膜电位到达阈电位（$-60mV$），大量 Na^+ 通道开放，Na^+ 迅速内流，膜内电位升高，膜外电位降低，使膜内外电位差为 0。

Na^+ 继续内流，膜内电位为正，膜外电位为负，为反极化。又产生电场力，电场力作用阻止 Na^+ 内流，电场力达到可以阻止 Na^+ 内流时，Na^+ 内流停止（图 2-12）。

2. 复极化

细胞膜对 K^+ 有通透性，K^+ 通道蛋白打开，K^+ 外流，膜内电位降低，膜外电位升高，恢复到静息时膜外为正膜内为负的状态，为复极化。

3. 离子恢复

进入膜内大量 Na^+ 和出膜外大量的 K^+，通过 $Na^+ - K^+$ 泵恢复。

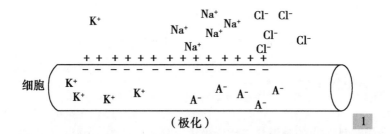

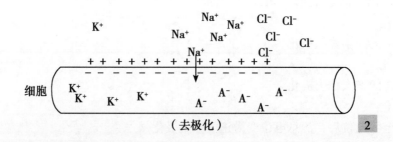

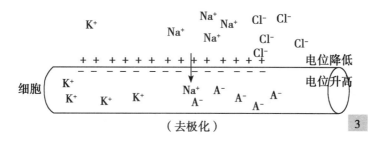

（去极化） 3

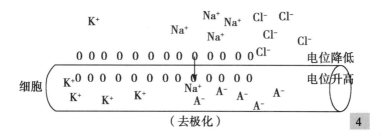

（去极化） 4

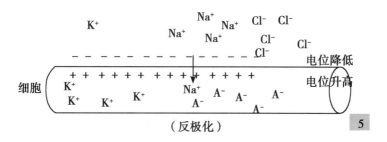

（反极化） 5

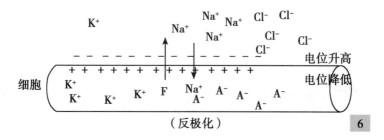

（反极化） 6

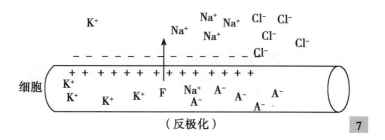

（反极化） 7

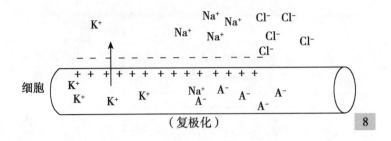

（复极化）

8

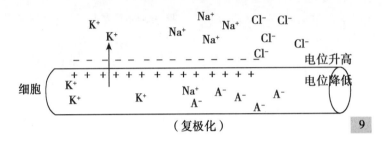

（复极化）

9

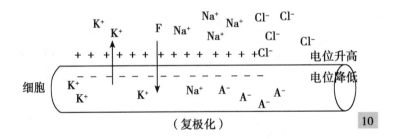

（复极化）

10

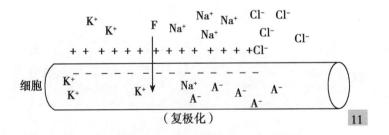

（复极化）

11

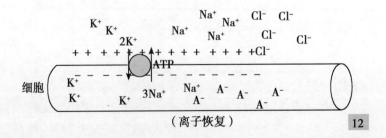

（离子恢复）

12

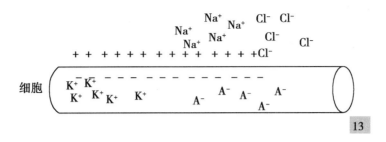

图 2 - 12　动作电位产生的机制

（二）阈电位、峰电位和后电位

动作电位包括峰电位和后电位（图 2 - 13）。

1. 阈电位

细胞膜受到刺激后，使细胞膜上 Na^+ 通道全部打开时，能够产生动作电位的最小膜电位称为阈电位。

2. 峰电位

动作电位的曲线在去极化和复极化过程中呈尖峰状，故称为峰电位。

3. 后电位

峰电位在恢复静息水平前要经历一个缓慢、低幅的电位波动，称为后电位。

后电位包括负后电位和正后电位。基线（静息电位水平）以上的部分为负后电位，基线以下的部分为正后电位。

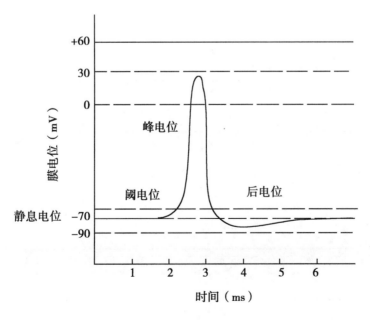

图 2 - 13　动作电位曲线

（三）动作电位的传导

动作电位产生后，在膜的已兴奋部位和未兴奋部位之间形成了局部电流。已兴奋的膜部分通过局部电流刺激未兴奋的部分，使之出现动作电位。这样的过程在膜表面连续进行下去，使整个细胞兴奋。动作电位在同一细胞上的传播称为传导（图2-14）。

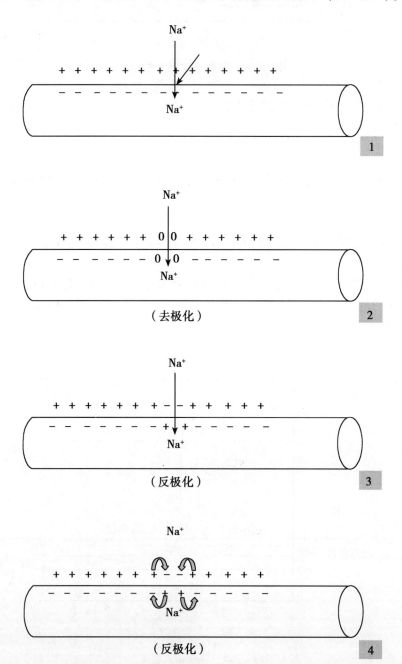

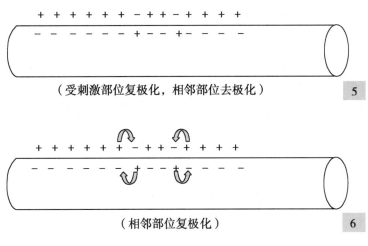

（受刺激部位复极化，相邻部位去极化）　5

（相邻部位复极化）　6

图 2 – 14　动作电位的传导

（四）动作电位的特征

1. "全或无"现象

刺激强度未达到阈电位水平，不能产生动作电位；刺激强度一旦达到阈电位水平，便可产生动作电位；动作电位一旦出现，其幅度便可达到最大值，不会因刺激强度的增加而发生变化。

2. 不衰减性传播

动作电位的波形和幅度始终保持不变。

3. 动作电位的不应期

峰电位为绝对不应期，在此期内，细胞兴奋性降至 0，无论给予任何强度的刺激，都不能引起新的兴奋。后电位为相对不应期，在此期兴奋性逐渐恢复，给予较强的刺激后，能引起新的兴奋（图 2 – 15）。

4. 不融合传导

动作电位之间总是有一定间隔，不会重复或叠加在一起。

5. 双向传导

动作电位能从受刺激的兴奋部位向两侧未兴奋部位传导。

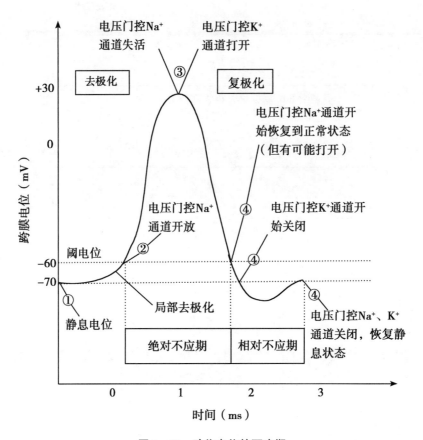

图 2-15 动作电位的不应期

第三章 血 液

第一节 血液组成和理化特性

一、血液组成

血液是一种液态的流动的结缔组织，由液态的血浆和混悬在血浆中的血细胞组成（图 3 – 1）。

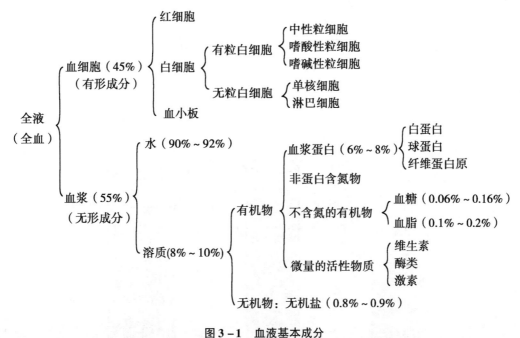

图 3 – 1 血液基本成分

（一）血细胞

血细胞包括红细胞、白细胞和血小板，是血液中的有形成分，约占血液总量的 45%。

（二）血浆

血浆相当细胞间质，是血液中的无形成分，约占血液总量的55%。血浆含有90%~92%的水，8%~10%的溶质，溶质包括有机物和无机物。

1. 有机物

包括血浆蛋白、非蛋白含氮物、不含氮的有机物和微量的活性物质。

（1）血浆蛋白　占血浆总量的6%~8%。包括白蛋白、球蛋白和纤维蛋白原。

（2）非蛋白含氮物　是蛋白质和核酸的代谢产物，包括尿素、尿酸、肌酐、氨基酸、胆红素和氨等。

（3）不含氮的有机物　包括血糖和血脂。

①血糖：占血浆总量的0.06%~0.16%，是葡萄糖。

②血脂：占血浆总量的0.1%~0.2%，主要有脂肪酸和胆固醇。

（4）微量的活性物质　主要包括酶类、激素和维生素等。

2. 无机质

占血浆总量的0.8%~0.9%。包括无机盐和微量元素。

（1）无机盐　主要以离子形式存在，少数以分子或与蛋白质结合状态存在。主要的阳离子有 Na^+、K^+、Ca^{2+} 和 Mg^{2+}；主要的阴离子有 Cl^-、HCO_3^- 和 HPO_4^{2-} 等。

（2）微量元素　主要有铜、锌、铁、锰、碘和钴等。

全血由液体成分血浆和悬浮在血浆中的血细胞构成。血浆是加抗凝剂的血沉淀后上面出现的淡黄色液体。血清是血液凝固后上面析出的淡黄色液体。血浆和血清的区别：血浆中含可溶性纤维蛋白原，血清中不含可溶性纤维蛋白原（图3-2）。

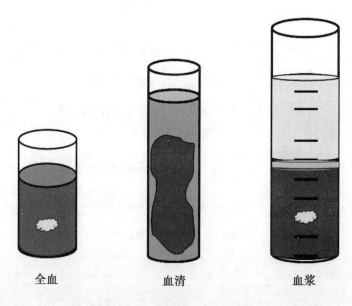

全血　　　　　血清　　　　　血浆

图3-2　全血、血清和血浆

液体成分血浆和悬浮在血浆中血细胞构成全血。取一定量的血液与抗凝剂混匀后置于分血计中，经离心沉淀后，血细胞因比重较大而下沉并被压紧、分层，上层淡黄色液体为血浆，底层为红色的红细胞，红细胞层的表面有一薄层灰白色的白细胞和血小板（图3－3）。

压紧的血细胞在全血中所占的容积百分比，称为血细胞比容。白细胞和血小板在血细胞中所占的容积约1%，常被忽略不计，因而通常也将血细胞比容称为红细胞比容或红细胞压积。

红细胞比容在临床上应用，血浆量与红细胞数量发生改变时，都可使红细胞比容改变。

如腹泻造成脱水→血浆量↓→红细胞比容↑；贫血→红细胞↓→红细胞比容↓；红细胞增多症 ↑→红细胞比容↑。

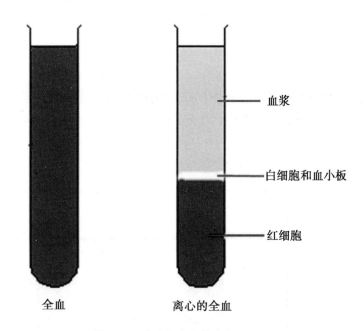

血浆

白细胞和血小板

红细胞

全血　　　　　　离心的全血

图3－3　全血和离心的全血

二、血液的理化特性

（一）颜色

动脉血呈鲜红色，因为动脉血中氧气含量高，血红蛋白含氧较多；静脉血呈暗红色，因为静脉血中氧气含量低，血红蛋白含氧较少。

（二）气味

血液有腥味，由于血液中含有挥发性脂肪酸；血液又有咸味，由于血液中含有氯化钠。

（三） 相对密度

畜禽全血的相对密度一般在 1.040 ~ 1.075 的范围内变动。相对密度的大小主要取决于红细胞的数量与血浆蛋白的含量。红细胞的相对密度一般为 1.070 ~ 1.090，它的大小取决于红细胞中血红蛋白的含量。血浆的相对密度为 1.024 ~ 1.031，它的大小主要取决于血浆蛋白的浓度。

（四） 黏滞性

液体流动时，由于内部分子间摩擦而产生阻力，以致流动缓慢并表现出黏着的特性，称为黏滞性。全血的黏度比水大 4.5 ~ 6.0 倍，其大小主要取决于红细胞的数量及血浆蛋白的含量。血液黏滞性的作用是维持血压和血流速度。

（五） 血浆渗透压

1. 渗透压

促使纯水或低浓度溶液中的水分子透过半透膜向高浓度溶液中渗透的力量，称为渗透压（图 3 - 4）。或不易透过半透膜的溶质能吸收膜外水分的能力，称渗透压（图 3 - 5）。

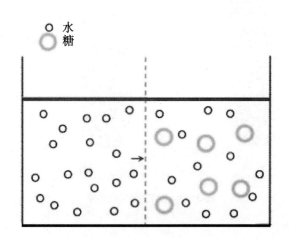

图 3 - 4　葡萄糖溶液的渗透压

2. 血浆渗透压是血浆中溶质吸收血管外水分的能力。

包括血浆晶体渗透压和血浆胶体渗透压 2 部分。

（1） 血浆晶体渗透压　是血浆中晶体物质吸收血管外水分的能力。由无机离子、尿素和葡萄糖等晶体物质构成的渗透压。约占血浆渗透压的 99.5%。

血浆晶体渗透压的特点：血浆中的晶体物质因分子比较小，能透过毛细血管，与组织的晶体渗透压处于动态平衡，不调节血浆和组织液之间的液体平衡。

血浆晶体渗透压的作用：能调节细胞内外水平衡，在维持细胞内液与组织液的物质交换、消化道对水和营养物质的吸收、消化腺的分泌活动以及肾脏尿的生成等生理活动中，

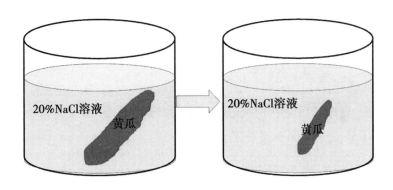

图 3 – 5 氯化钠溶液的渗透压

均起着重要的作用。

（2）血浆胶体渗透压 是血浆中胶体物质吸收血管外水分的能力，由血浆中的蛋白质形成的渗透压。约占血浆渗透压的 0.5%。

血浆胶体渗透压的特点：血浆中的蛋白质分子大，不易透过毛细血管，作用是调节血管内外水平衡。

3. 溶液种类

溶液根据渗透压不同分为等渗溶液、高渗溶液和低渗溶液。细胞的渗透压与血浆的渗透压相等。与血浆渗透压相等的溶液叫做等渗溶液。常用的等渗溶液有 0.9% 的氯化钠和 5% 的葡萄糖溶液，0.9% 的氯化钠溶液又称为生理盐水。渗透压高于血浆渗透压的溶液叫高渗溶液，渗透压低于血浆渗透压的溶液叫低渗溶液。

（六）酸碱度

家畜的血液呈弱碱性，pH 值通常稳定在 7.35 ~ 7.45。生命能够耐受的 pH 值极限在 6.9 ~ 7.8，否则家畜就会出现明显的酸中毒或碱中毒症状。

血液 pH 值能经常保持相对恒定，主要取决于血液中的缓冲物质，缓冲对存在血浆中和红细胞内。

（1）血浆中缓冲对 有 3 对，分别为 $NaHCO_3/H_2CO_3$、Na_2HPO_4/NaH_2PO_4 和 Na – 蛋白质/H – 蛋白质。

（2）红细胞内缓冲对 有 4 对，分别为 $KHCO_3/H_2CO_3$、K_2HPO_4/KH_2PO_4、KHb/HHb 和 $KHbO_2/HHbO_2$。

每当血液中酸性物质增加时，碱性弱酸盐与之起反应，使其变为弱酸，于是酸性降低；而当血液中碱性物质增加时，则弱酸与之起作用，使其变为弱酸盐，缓解了碱性物质的冲击。其中缓冲对 $NaHCO_3/H_2CO_3$ 起着非常重要的作用，通常把血液中 $NaHCO_3$ 的含量称为碱贮。在一定范围内，碱贮增加表示机体对固定酸的缓冲能力增强。

三、血量

机体内的血液总量，是血浆和血细胞量的总和，简称血量。成年家畜的血量约为体重

5%～9%，牛、羊为体重的6%～7%，猪为体重的5%～6%，马为体重的8%～9%。幼龄家畜的血量通常可达到体重的10%以上。一般雄性家畜比雌性家畜稍高。血量分为循环血量和贮存血量。

（一）循环血量

血液总量中，在循环系统中不断流动的部分称为循环血。占血液总量的90%。

（二）贮存血量

血液总量中，一部分常常滞留于肝、脾、肺和皮下的血窦、毛细血管网和静脉内，流动很慢称为储存血量。占血液总量的10%。把储存血所在的器官叫血库。循环血与储存血之间保持着频繁的交换，在剧烈运动和大量失血等情况下，储存血量可补充循环血量的不足，以适应机体的需要。

一次失血若不超过血量的10%，一般不会影响健康，因为这种失血所损失的水分和无机盐，在1～2h内就可从组织液中得到补充；血浆蛋白可由肝在1～2 d内加速合成得到恢复；血细胞一方面由贮存血进入血液循环，另一方面机体造血机能加强，血细胞在一个月可得到补充。一次急性失血若达到血量的20%时，生命活动将受到明显影响。一次急性失血超过血量的30%时，则会危及生命。

第二节　血　　浆

一、血浆蛋白

（一）血浆中各种蛋白质的含量

纤维蛋白原最少，不超过血浆蛋白总量的10%。白蛋白和球蛋白约占血浆蛋白总量90%，各占1/2。

（二）血浆蛋白的生理功能

1. 维持血浆胶体渗透压
白蛋白形成血浆胶体渗透压，调节血管内外水的平衡。
2. 调节血液的酸碱度
白蛋白形成一个缓冲对（Na－蛋白质/H－蛋白质），调节血液的酸碱度。
3. 运输功能
白蛋白与某些物质结合对这些物质起运输功能。如营养物（包括钙、磷、铜、铁等）、激素、胆固醇、胆酸盐、胆红素和一些药物（如磺胺、链霉素、洋地黄毒苷）等。

4. 参与机体的免疫功能

球蛋白分为 α 球蛋白、β 球蛋白和 γ 球蛋白，γ 球蛋白则来自淋巴结、脾脏和骨髓的网状内皮系统。γ 球蛋白几乎都是免疫性抗体。大多数新生动物血浆中几乎不存在 γ 球蛋白，所以新生幼畜只有靠吸吮母畜初乳来获得被动免疫。

5. 参与血液凝固过程

纤维蛋白原是重要的凝血物质，血液凝固时血浆中的纤维蛋白原在凝血酶的作用下变成纤维蛋白。

二、血糖

血糖与糖代谢有关，血糖浓度是相对恒定的，是机体活动时能量的主要来源。

三、血脂

血脂主要以中性脂肪的形式存在，与脂类代谢有关。

四、无机盐

（一）维持血浆晶体渗透压

无机盐形成血浆晶体渗透压，调节细胞内外水的平衡、在细胞内液与组织液的物质交换、消化道对水和营养物质的吸收、消化腺的分泌活动以及肾脏尿的生成等生理活动中，均起着重要的作用。

（二）调节血液的酸碱度

无机盐形成 2 个缓冲对（$NaHCO_3/H_2CO_3$ 和 Na_2HPO_4/NaH_2PO_4），调节血液的酸碱平衡。

（三）维持神经、肌肉的兴奋性

如 Na^+、K^+ 和 Ca^{2+}。缺 Ca^{2+}、K^+ 神经肌肉的兴奋性增强。Na^+ 不足神经肌肉的兴奋性降低。

第三节 血细胞

一、红细胞

（一）红细胞的形态

红细胞（RBC）为双凹圆盘形，无细胞核和细胞器（图3-6）。红细胞的细胞质内充满血红蛋白（Hb），血红蛋白是一种含铁的特殊蛋白质，由珠蛋白和亚铁血红素组成，占红细胞内干物质的90%，占红细胞成分的30%~35%。

图3-6　家畜红细胞的形态

（二）红细胞的数量

红细胞的数量是各种血细胞中数量最多的一种，以每升血液中含有多少 10^{12} 个（10^{12}/L）表示。不同种类的家畜红细胞数量不同，见表3-1。常以每升血液中含有多少克（g/L）表示。各种家畜的血红蛋白量见表3-1。单位容积内红细胞数量与血红蛋白的含量同时减少，或其中之一明显减少，都可被视为贫血。

表3-1　各种家畜红细胞数量和血红蛋白含量

家畜种类	红细胞数量（10^{12}/L）	血红蛋白含量（g/L）
牛	7.0（5.0~10.0）	110（80~150）
猪	6.5（5.0~8.0）	130（100~160）
绵羊	12.0（8.0~12.0）	120（80~160）
山羊	13.0（8.0~18.0）	110（80~140）

（三）红细胞的生理特性

红细胞的生理特性包括细胞膜的通透性、悬浮稳定性和渗透脆性。

1. 细胞膜的通透性

红细胞膜的通透性有严格的选择性，水、O_2 和 CO_2 可自由通过；阴离子、葡萄糖、氨基酸和尿素较容易通过；阳离子很难通过；胶体物质不能通过。

2. 悬浮稳定性

（1）悬浮稳定性 红细胞能较稳定地悬浮于血浆中而不易下沉的特性，称为红细胞的悬浮稳定性。

（2）血沉 悬浮稳定性的大小通常用红细胞沉降率来表示，将抗凝血放入血沉管中垂直静置，红细胞由于密度较大而下沉。通常以红细胞在第 1 小时末下沉的距离表示红细胞的沉降速度，称为红细胞的沉降率（简称血沉）。家畜种别不同血沉也不同，例如，牛的血沉很慢，1h 红细胞仅沉降若干毫米；而马的血沉却很快，1h 可下降几十毫米。家畜患某些疾病时，血沉发生明显变化，血浆中白蛋白增多，血沉减慢；球蛋白、纤维蛋白原、胆固醇增多，血沉加快。因而临床上有一定诊断价值。

3. 渗透脆性

（1）溶血 红细胞在低渗溶液中，水分会渗入胞内，膨胀成球形，细胞膜最终破裂并释放出血红蛋白，这一现象称为溶血（图 3-7）。

（2）皱缩 把红细胞放入高渗溶液中，水被吸出的现象称为皱缩（图 3-7）。

（3）渗透脆性 红细胞对低渗溶液有一定的抵抗力，红细胞在低渗溶液中抵抗破裂和溶血的特性称为红细胞渗透脆性。

（4）红细胞渗透脆性测定的生理意义 对低渗溶液的抵抗力大，脆性小；对低渗溶液的抵抗力小，脆性大。衰老的红细胞脆性大，在某些病理状态下，脆性会显著增大或减小。

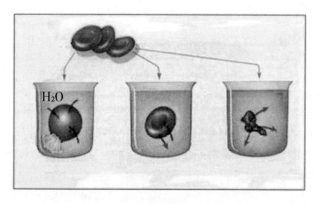

图 3-7 红细胞溶血和皱缩

（四）红细胞的生理功能

红细胞的生理功能是运输 O_2 和 CO_2，调节血液的酸碱度。

1. 运输 O_2 和 CO_2 的功能依赖于细胞内的血红蛋白来实现的

红细胞中 Hb 很容易与 O_2、CO_2 的 结合和分离。

（1）运输 O_2 的功能　在肺脏毛细血管内，氧分压高的情况下，Hb 与 O_2 结合，形成氧合血红蛋白（HbO_2）；在全身毛细血管内，氧分压低的情况下，HbO_2 形成脱氧（或还原）血红蛋白（Hb），释放出 O_2，供组织细胞代谢需要（图 3 – 8）。

$$Hb + O_2 \xrightleftharpoons[\text{PO}_2\ 低时（组织）]{\text{PO}_2\ 高时（肺）} HbO_2$$

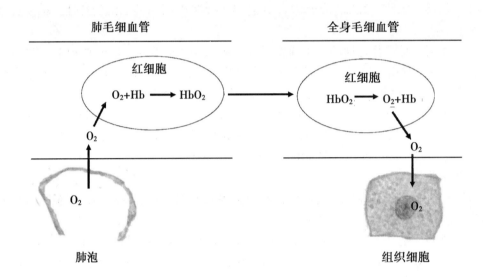

图 3 – 8　红细胞运输 O_2 的功能

（2）运输 CO_2 的功能　在全身毛细血管内，二氧化碳分压高的情况下，Hb 与 CO_2 结合，形成氨基甲酸血红蛋白（HbNHCOOH）；在肺脏毛细血管内，二氧化碳分压低的情况下，HbNHCOOH 形成脱氧血红蛋白（Hb），释放出 CO_2，经肺排出（图 3 – 9）。

$$Hb - NH_2 + CO_2 \xrightleftharpoons[\text{PCO}_2\ 低时（肺）]{\text{PCO}_2\ 高时（组织）} Hb - NHCOOH$$

Hb 与 O_2 和 CO_2 的结合是氧合并非氧化过程，HbO_2 和 HbNHCOOH 释放 O_2 和 CO_2 也不是还原过程，这是因为在氧合过程中血红素内的铁仍为二价铁，并没有电子的得失。但是在某些情况下，例如由于药物（如乙酰苯胺、磺胺等）或亚硝酸盐的作用，它的亚铁离子可被氧化成三价的高铁血红蛋白。这时它与氧的结合非常牢固而不易分离，因而失去运氧能力。如果生成的高铁血红蛋白的量超过总量的 2/3 时，将导致组织缺氧，可因窒息而危及生命。蔬菜类叶、茎中硝酸盐含量较大，如果沤制加工或储放不当，可被硝酸菌作用而使其中硝酸盐转化为亚硝酸盐，如被动物采食，则可发生食物中毒，如猪的"白菜叶中毒"。

Hb 与 CO 的亲和力比氧大 200 多倍，空气中 CO 的浓度只要达到 0.05% 血液中就有 30% ~ 40% 的 Hb 与之结合，生成一氧化碳血红蛋白（HbCO），使 Hb 运输氧的能力大大降低，严重时动物可发生 CO 中毒死亡。如动物的煤气中毒。

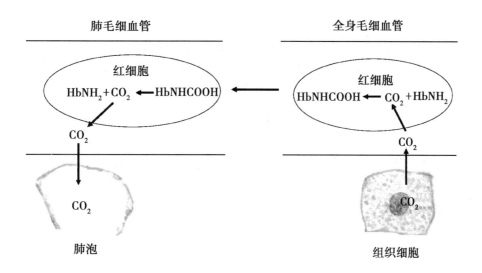

图 3 – 9 红细胞运输 CO_2 的功能

2. 调节血液的酸碱度

在红细胞内有 4 个缓冲对，分别为 $KHCO_3/H_2CO_3$、K_2HPO_4/KH_2PO_4、KHb/HHb 和 $KHbO_2/HHbO_2$。对调节血液的酸碱度起重要作用。

（五）红细胞的生成及破坏

红细胞存活时间因畜种的不同而有很大差异。红细胞的平均寿命牛为 135 ~ 162d，猪为 75 ~ 97d，马为 140 ~ 150d，而小鼠的红细胞仅存活 20 ~ 30d。

1. 红细胞生成

红细胞由红骨髓的髓系多功能干细胞分化增殖而成。造血过程中除了骨髓造血机能必须处于正常以外，还要供应充足的造血原料和促进红细胞成熟的物质。蛋白质和铁是红细胞生成的主要原料；促进红细胞发育和成熟的物质主要是维生素 B_{12}、叶酸和铜离子。

2. 红细胞的破坏

衰老和死亡的红细胞，在肝脏，脾脏，骨髓内被吞噬细胞吞噬。

（1）在吞噬细胞内 红细胞破裂释放血红蛋白

$$血红蛋白 \xrightarrow[\text{血红素氧化酶}]{\text{珠蛋白}} 血红系 \xrightarrow{\text{铁}} 胆绿素 \xrightarrow{\text{胆绿素还原酶}} 胆红素（游离胆红素）$$

游离的胆红素被吞噬细胞释放进入血液，稳定地附着在血浆蛋白上→随血液循环进入肝脏→在窦状隙内脱去蛋白质→游离的胆红素进入肝细胞。

（2）在肝细胞内

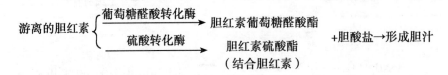

（3）在肠内　进入十二指肠→肠内细菌作用下→还原成无色胆素原→大部分氧化成粪胆素原→形成粪颜色。

小部分被肠黏膜吸收进入血液→进入肾脏→形成尿胆素原→形成尿颜色。

二、白细胞

（一）白细胞的数量

白细胞（WBC）数量以每升血液中有多少10^9个（10^9/L）表示。各种家畜白细胞数量及各类白细胞所占的百分比见表3－2。各类白细胞的形态见图3－10至图3－12。

表3－2　各种家畜白细胞数量及各类白细胞的百分比

家畜种类	白细胞总数（×10^9/L）	各种白细胞所占百分比（%）					
		嗜碱性粒细胞	嗜酸性粒细胞	中性粒细胞		淋巴细胞	单核细胞
				杆型核	分叶核		
牛	7.62	0.5	4.0	3.5	33.0	57.0	2.0
猪	14.66	0.5	0.5	6.0	31.5	55.5	3.5
绵羊	8.25	0.5	5.0	2.0	32.5	59.0	2.0
山羊	9.70	0.1	6.0	1.0	34.0	57.5	1.5
马	8.77	0.5	4.5	4.5	53.0	34.5	3.5
骆驼	24.00	0.5	8.0	7.0	47.5	35.0	1.5

（二）白细胞的生理特性

白细胞的生理特性包括渗出性、趋化性、吞噬功能和分泌多种细胞因子。

1. 渗出性

除淋巴细胞外，均能伸出伪足做变形运动，并能穿出血管壁的特性称为白细胞的渗出性。

2. 趋化性

有的白细胞穿过血管壁后，有向某些化学物质运动的特性称白细胞的趋化性。

3. 吞噬功能

有的白细胞具有吞噬病原微生物和组织碎片的功能等。

4. 分泌多种细胞因子

有的白细胞能分泌白细胞介素、肿瘤坏死因子和干扰素等。

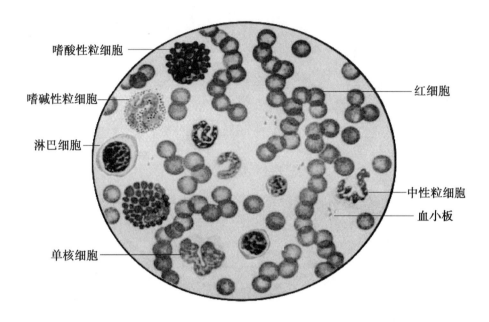

图 3 – 10　猪的血细胞

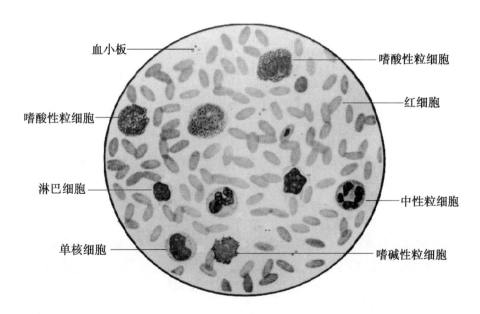

图 3 – 11　鹿的血细胞

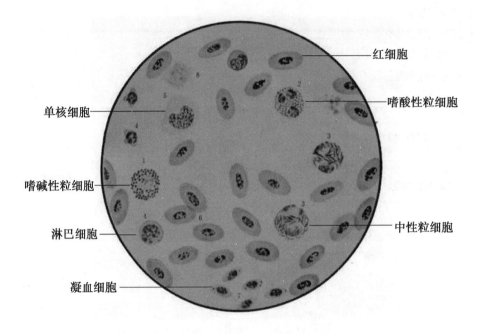

图 3 - 12 鸡的血细胞

(三) 白细胞的生理功能

1. 中性粒细胞

中性粒细胞具有很强的化学趋化性、变形运动和吞噬功能。急性化脓性炎症中性粒细胞明显增多。

2. 单核细胞

单核细胞能做变形运动,具有吞噬功能。单核细胞渗出血管壁分化成巨噬细胞,与组织中的巨噬细胞构成单核 – 巨噬细胞系统,在体内发挥防御作用。结核、寄生虫等慢性炎症单核细胞明显增多。

3. 嗜酸性粒细胞

嗜酸性粒细胞具有化学趋化性,能做变形运动,有吞噬能力,却没有杀菌能力,因为细胞内不含溶菌酶。当机体发生抗原 – 抗体相互作用而引起过敏反应时,大量嗜酸性粒细胞趋向局部,并吞噬抗原 – 抗体复合物,从而减轻过敏反应。它的主要机能在于缓解过敏反应和限制炎症过程。当发生过敏反应时嗜酸性粒细胞明显增多。

4. 嗜碱性粒细胞

嗜碱性粒细胞具有化学趋化性,能做变形运动,但无吞噬能力。释放组胺、肝素和5 – 羟色胺等生物活性物质,参与机体的过敏反应。组胺对局部炎症区域的小血管有舒张作用,增加毛细血管的通透性;肝素对局部炎症部位起抗凝血作用。即嗜碱性粒细胞有利于其他白细胞的游走和吞噬活动。

5. 淋巴细胞

淋巴细胞参与机体的免疫功能。B 细胞在抗原的刺激下,大量繁殖,分化成浆细胞。

浆细胞产生和分泌多种特异性抗体，参与机体的体液免疫。T 细胞在抗原信息刺激后，转化增殖为致敏淋巴细胞，能产生淋巴毒素、干扰素，杀灭各种致病菌，杀伤或抑制肿瘤细胞和同种异体移植的细胞等，参与机体的细胞免疫。

（四）白细胞的生成和破坏

白细胞的寿命比较难以准确判断。粒细胞和单核细胞主要在组织中发挥作用，在血液中，粒细胞的寿命不到 1d，单核细胞为数小时到数天。进入组织后，单核细胞可存活数月。淋巴细胞往返于血液、组织液和淋巴之间，而且可以增殖分化，B 淋巴细胞仅生存 1～2d；T 淋巴细胞寿命可长达数月或数年，有的可存活 4～5 年以上。

1. 白细胞的生成

各类白细胞的来源并不相同，有粒白细胞由骨髓的原始粒细胞发育而成。淋巴细胞和单核细胞主要在脾脏、淋巴结、胸腺、消化道黏膜淋巴组织中发育成熟。白细胞的生长需要充足的营养供给，特别是蛋白质、叶酸、维生素 B_{12} 和维生素 B_6 等。

2. 白细胞的破坏

白细胞可因衰老死亡，大部分被肝、脾的巨噬细胞吞噬和分解，小部分经消化道和呼吸道黏膜排出。粒细胞在吞噬细菌的活动中可因释放过多的溶酶体酶而发生"自我溶解"，与被破坏的细菌和组织碎片共同构成脓液。

三、血小板

（一）血小板的数量

血小板数量以每升血液中有多少 10^9 个（10^9/L）表示。几种家畜血液中血小板的数量见表 3 - 3。

表 3 - 3　几种家畜血液中血小板的数量（10^9/L）

动物种类	牛	猪	绵羊	山羊
血小板的数量	200～710	130～450	170～980	310～1020

（二）血小板的功能

血小板对机体具有重要的保护功能，主要包括生理性止血功能、凝血作用，纤维蛋白溶解作用和维持血管壁的完整性等。

1. 生理性止血

生理性止血是指小血管损伤出血后，能在很短时间内自行停止出血的过程。在生理性止血过程中，血小板的作用有：释放缩血管物质（如 5 - 羟色胺、儿茶酚胺等），促进受伤血管收缩，减少出血；在损伤的血管内皮处黏附、聚集，填塞损伤处以减少出血；释放参与血液凝固的物质，并通过血小板收缩蛋白使血凝块紧缩，形成坚实的血栓，堵塞在血管损伤处起到持久止血的作用（白血病会因血小板减少而出血不止）。

2. 凝血作用

血小板内含有多种凝血因子，所以血小板是凝血过程的重要参与者。

3. 参与纤维蛋白的溶解

血小板对纤维蛋白的溶解过程既有促进作用，又有抑制效应。在纤维蛋白形成前，血小板释放抗纤溶物质，可以抑制纤溶过程、促进止血。血栓形成晚期，随着血小板解体和释放反应增加，一方面释放纤溶酶原激活物，直接参与纤维蛋白溶解，一方面释放 5 - 羟色胺、组胺和儿茶酚胺等物质，刺激血管壁释放纤溶酶原激活物，间接参与纤维蛋白溶解，使血凝块重新溶解，血管血流重新畅通。

4. 维持血管内皮细胞的完整性

血小板可黏附在血管壁上、填补于内皮细胞间隙或脱落处，并可融入内皮细胞，起到修补和加固作用，从而维持血管内皮细胞的完整和降低血管壁的脆性。

（三）血小板的生成和破坏

血小板进入血液后，平均寿命为 10d 左右，但只有在最初的 2 ~ 3d 具有正常的生理功能。

1. 血小板的生成

骨髓造血干细胞分化成巨核系祖细胞，再分化为形态上可识别的巨核细胞。血小板由成熟的巨核细胞裂解而成。

2. 血小板的破坏

衰老的血小板可在脾、肝和肺组织中被吞噬。血小板也会在发挥生理功能时被消耗。

四、血液凝固

血液由流动的溶胶状态转变为不能流动的凝胶状态的过程，称为血液凝固或血凝。动物因受伤出血，血液凝固可避免机体失血过多，因此血液凝固是机体的一种保护功能。

（一）凝血因子

血浆与组织中直接参与凝血的物质，统称为凝血因子。国际上依照发现顺序用罗马数字命名的因子有 12 种，见表 3 - 4。

在凝血因子中，除因子Ⅳ与磷脂外，都是蛋白质。因子Ⅱ、因子Ⅸ、因子Ⅹ、因子Ⅺ、因子Ⅻ都是蛋白酶，因子Ⅱ、因子Ⅸ、因子Ⅹ、因子Ⅺ、因子Ⅻ都以酶原的形式存在于血浆中，通过有限水解后成为有活性的酶。因子Ⅱ、因子Ⅶ、因子Ⅸ、因子Ⅹ在肝合成还需维生素 K 的参与。

表 3 – 4　凝血因子

因子	同义名	合成部位	合成时是否需要维生素	凝血过程中的作用
I	纤维蛋白原	肝	否	变为纤维蛋白
II	凝血酶原	肝	需要	变为有活性的凝血酶
III	组织因子	各种组织	否	启动外源性凝血
IV	Ca^{2+}	—	—	参与凝血的多步过程
V	前加速素	肝	否	调节蛋白
VII	前转变素	肝	需要	参与外源性凝血
VIII	抗血友病因子	肝为主	否	调节蛋白
IX	血浆凝血激酶	肝	需要	变为有活性的IXa
X	Stuart-Prower 因子	肝	需要	变为有活性的 Xa
XI	血浆凝血激酶前质	肝	否	变为有活性的XIa
XII	接触因子	未明确	否	启动内源性凝血
XIII	纤维蛋白稳定因子	肝	否	不溶性纤维蛋白的形成

（二）血液凝固过程

血液凝固第一步为凝血酶原激活物的形成，第二步为凝血酶原转变成凝血酶，第三步为纤维蛋白原转变成纤维蛋白。

1. 凝血酶原激活物的形成

凝血酶原激活物的形成通过内源性凝血和外源性凝血 2 个途径。

（1）内源性途径　当血管内膜受损，暴露出胶原纤维，无活性的接触因子激活，这些因子进一步活化凝血因子，在 Ca^{2+} 的参与下，即可形成凝血酶原激活物。

（2）外源性途径　组织细胞受损伤，释放组织因子，这些因子进一步活化凝血因子，在 Ca^{2+} 的参与下，即可形成凝血酶原激活物。

2. 凝血酶的形成

$$凝血酶原 \xrightarrow[Ca^{2+}]{凝血酶原激活物} 凝血酶$$

3. 纤维蛋白的形成

$$纤维蛋白原 \xrightarrow[Ca^{2+}]{凝血酶} 纤维蛋白$$

纤维蛋白形成后交织成网，血细胞被网罗其中，形成血凝块（图 3 – 13）。

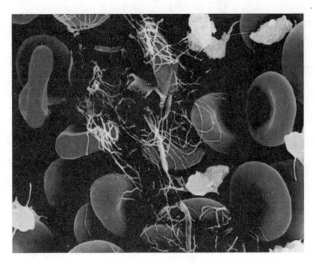

图 3 – 13　凝固的血液

五、抗凝系统和纤维蛋白溶解系统

（一）抗凝系统

抗凝系统包括抗凝血酶Ⅲ、肝素和蛋白质 C。

1. 抗凝血酶Ⅲ

抗凝血酶Ⅲ是肝合成的一种丝氨酸蛋白酶抑制物。抗凝血酶Ⅲ分子中的精氨酸残基与凝血因子Ⅸa、因子Ⅹa、因子Ⅺa、因子Ⅻa 活性部位的丝氨酸残基结合，可封闭这些因子的活性中心，使它们失去活性，从而起到抗凝作用。

2. 肝素

肝素主要是肥大细胞产生的一种酸性黏多糖。增强抗凝血酶的作用，抑制血小板黏附、聚集和释放反应，使血管内皮细胞释放凝血抑制物和纤溶酶原激活物。另外，肝素是脂蛋白酶的辅基，有利于血浆乳糜颗粒的清除和防止与血脂有关的血栓形成。

3. 蛋白质 C

蛋白质 C 是肝合成的维生素 K 依赖性蛋白。在磷脂和 Ca^{2+} 存在时使 Ⅴa 和Ⅷa 失活，阻碍因子 Ⅹa 与血小板上的磷脂膜结合，削弱因子 Ⅹa 对凝血酶原的激活作用。刺激纤溶酶原激活物的释放，增强纤溶酶活性，促进纤维蛋白降解。

（二）纤维蛋白溶解

纤维蛋白溶解指在纤溶系统的作用下凝胶状态的纤维蛋白降解为可溶性的纤维蛋白分解产物的过程，简称纤溶。纤溶系统包括纤溶酶原激活物和抑制物、纤溶酶原和纤溶酶。

1. 纤溶酶原激活物

纤溶酶原激活物分为血管内激活物、组织激活物和血浆激活物。

2. 纤溶酶原的激活

纤溶酶原的激活主要在肝、骨髓、嗜酸性粒细胞和肾内合成。在纤溶酶原激活物作用下激活。

3. 纤维蛋白和纤维蛋白原的降解

纤溶酶裂解纤维蛋白和纤维蛋白原分子中的赖氨酸 – 精氨酸键，从而使纤维蛋白和纤维蛋白原分割成很多可溶性的小肽。

4. 纤溶抑制物

机体内存在许多能够抑制纤溶系统活性的物质。

六、促凝和抗凝措施

（一）促凝的常用方法

1. 促进凝血因子的活化

血液与粗糙面接触，手术中用纱布压迫术部止血。

2. 促进凝血因子的合成

使用维生素 K，许多凝血因子合成过程需要维生素 K 参与。

3. 加快酶促反应速度

适当升高温度可增强酶的活性，来加快酶促反应速度。

（二）抗凝的常用方法

1. 抑制凝血因子的活化

血液与光滑面接触：盛血容器内壁预先涂层石蜡。

2. 抑制凝血因子的合成

（1）肝素 肝素是非常有效的抗凝剂，可注射到体内防止血管内凝血和血栓的形成，也可用于体外抗凝。

（2）双香豆素 发霉的苜蓿干草产生双香豆素，具有在肝细胞内竞争性抑制维生素 K 的作用，阻碍了凝血因子 II、因子 VII、因子 IX、因子 X 在肝内的合成，便血液凝固减慢。

3. 延缓酶促反应速度

将盛血容器置入低温环境中，适当降低温度可降低酶的活性，降低酶促反应速度。

4. 除去纤维蛋白

又叫脱纤法，使用一小束细木条不断搅拌流入容器的血液，不久后木条上将黏附一团细丝状的纤维蛋白，即脱纤抗凝法。脱纤血不会凝固，但此方法不能保全血细胞。

5. 移钙法

将 Ca^{2+} 沉淀出来，凝血过程的 3 个主要阶段中均有 Ca^{2+} 参与，除去血浆中的 Ca^{2+} 可以达到抗凝的目的。常用的移钙法，也是制备抗凝血的常用方法：血液中加入适量柠檬酸钠可与 Ca^{2+} 结合成络合物柠檬酸钠钙；加入适量草酸盐，如草酸钾、草酸铵，可与 Ca^{2+}

结合成不溶性草酸钙；用乙二胺四乙酸（EDTA）螯合钙等。

第四节　血型和输血

一、血型和红细胞凝集

（一）血型

血型是红细胞膜上特异性抗原的类型。

（二）红细胞凝集

同种动物之间进行输血时，供血者的红细胞进入受血者的血管内，有时输入的红细胞会凝集成团，以至堵塞受血者的小血管，甚至危及生命，这种现象叫红细胞凝集。红细胞中含有一种或数种抗原叫凝集原，血清中含有一种或数种抗体叫凝集素，输血时，供血者红细胞的凝集原与受血者血清中所含相对应的凝集素相遇，发生红细胞凝集反应。

二、人的 ABO 血型

红细胞膜有 2 种抗原：A 凝集原、B 凝集原；血清中有 2 种抗体：抗 A 凝集素、抗 B 凝集素。A 凝集原与抗 A 凝集素、B 凝集原与抗 B 凝集素相遇都发生凝集。ABO 血型分 4 型：A 型、B 型、AB 型、O 型（表 3-5 和图 3-14）。ABO 血型之间的关系（表 3-6），O 血型是万能供血者，AB 血型是万能受血者。

表 3-5　血液基本成分

血型	红细胞膜上抗原 （凝集原）	血清中抗体 （凝集素）
A型	A凝集原	抗B凝集素
B型	B凝集原	抗A凝集素
AB型	A凝集原、B凝集原	无
O型	无	抗A凝集素、抗B凝集素

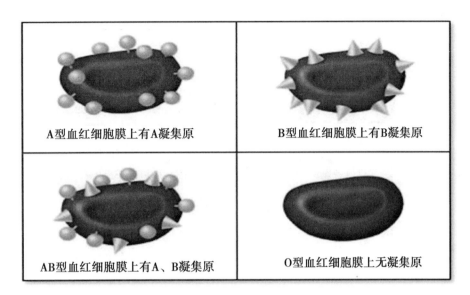

图 3 – 14 血液基本成分

表 3 – 6 ABO 血型之间的关系

供血者红 C（含凝集原）	受血者血清（含凝集素）			
	A 型（抗 B）	B 型（抗 A）	AB 型（无）	O 型（抗 A、抗 B）
A 型（A）	−	+	−	+
B 型（B）	+	−	−	+
AB 型（A、B）	+	+	−	+
O 型（无）	+	+	−	−

三、家畜的血型

猪有 A、B、C、E、F、G、H、I、J、K、L、M、N13 种血型；牛有 A、B、C、F-V、J、L、M、N、O、SgR/-S/11 种血型；马有 A、C、D、K、P、Q、T、U8 种血型。家畜血清中凝集素比较少，效价很低。所以家畜首次输血一般没有严重后果。如第一次输血带入抗原，受血者产生了相应的抗体，再次输血（同样的抗原）就会产生凝集反应。

四、家畜输血

家畜输血前作配血试验，交叉配血主侧把供血者的红细胞与受血者的血清做配血试验；交叉配血次侧把受血者的红细胞与供血者的血清做配血试验（图 3 – 15）。若主侧和次侧都无凝固反应，则配血相合，可输血；交叉配血次侧有凝固反应，只能在应急情况输血，速度要慢。

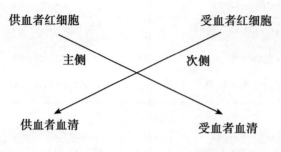

图 3 – 15　交叉配血试验

第四章 血液循环

第一节 心脏生理

一、心脏的泵血功能

（一）心动周期

1. 心动周期
心脏每收缩、舒张一次称为一个心动周期。
2. 心动周期 4 个过程
心房收缩、心房舒张、心室收缩和心室舒张。
3. 心动周期 3 个时期
心房收缩期、心室收缩期和间歇期（图 4 - 1）。间歇时间占 50%，保证了心脏有充分的时间让静脉血回流充盈心室；使心脏本身获得足够的营养和氧气，并排除代谢产物。

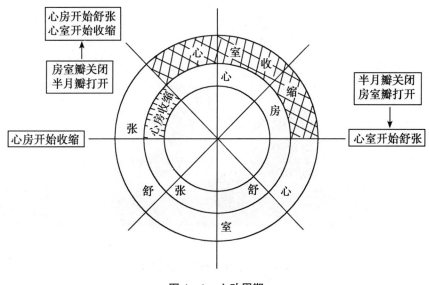

图 4 - 1 心动周期

（二）心率

单位时间的心动周期数，即为心率。所以心动周期的持续时间与心率有关。各种动物心率的正常变动范围见表4-1，体形越小的动物心率越快。

表4-1　畜禽心率的正常变动范围

动物	心率（次/min）	动物	心率（次/min）
奶牛	60~80	骆驼	25~40
公牛	30~60	犬	80~130
山羊、绵羊	60~80	猫	110~130
猪	60~80	兔	120~150
马	28~42	鸡、火鸡	300~400

（三）心脏的泵血功能及发生机理

每次心动周期中，左、右心室舒张时血液流入心室，而左、右心室收缩时又有一定的血液射入主动脉及肺动脉，这就是心的泵血。心的泵血分为3个时期：心房收缩期与心室充盈、心室收缩期与射血和心室舒张与血液充盈。

1. 心房收缩与心室充盈

心房收缩与心室充盈即心房收缩期，心房收缩前，心脏处于全心舒张状态，房内压 > 室内压，房室瓣开放，心房内血液流入心室，心室开始充盈（图4-2）。

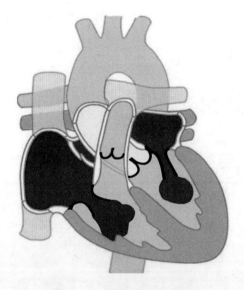

图4-2　心房收缩与心室充盈

2. 心室收缩期与射血

即心室收缩期，心房收缩结束转为舒张时，心室开始收缩。分为等容收缩期、快速射血期和减慢射血期。

（1）等容收缩期　心室开始收缩，室内压迅速升高，当房内压＜室内压＜动脉压时，房室瓣关闭，半月瓣仍处于关闭状态（图4-3）。

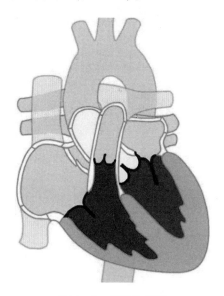

图4-3　等容收缩期

（2）快速射血期　等容收缩使室内压急剧上升，当房内压＜室内压＞动脉压时，房室瓣关闭，半月瓣打开，血液快速流入动脉。快速射血历时较短，约占心缩期的1/3，但射血量却占整个收缩期射血量的2/3左右（图4-4）。

（3）减慢射血期　快速射血期后，心肌收缩力量减弱，射血速度减慢，室内压也开始降低的时期称为减慢射血期。减慢射血期占心缩期的2/3，而射血量只占1/3左右。

3. 心室舒张与血液充盈

心室舒张与血液充盈即间歇期，分为等容舒张期（图4-5）、快速充盈期（图4-6）和减慢充盈期。

（1）等容舒张期　心室收缩结束转为舒张时，射血已经停止，室内压下降，当房内压＜室内压＜动脉压时，房室瓣关闭，半月瓣关闭。

（2）快速充盈期　等容舒张期使室内压急剧下降，当房内压＞室内压＜动脉压时，房室瓣打开，半月瓣关闭。其时程较短，约占心舒期的1/3。

（3）减慢充盈期　随着心室内血液的充盈，心室内压上升，与心房、静脉内压力差减小，致使血液充盈速度减慢。约占心舒期的2/3。

（四）心脏泵血功能的评价

1. 心输出量

心输出量有每搏输出量和每分输出量。

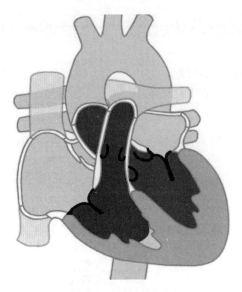

图 4 – 4　快速射血期

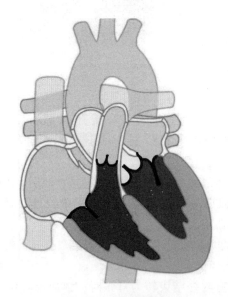

图 4 – 5　等容舒张期

（1）每搏输出量　是指一侧心室每收缩一次射入动脉的血量。

（2）每分输出量　是指一侧心室每分钟射入动脉的血量。生理学一般所说的心输出量通常是指每分输出量。每分输出量等于每搏输出量和心率的乘积。

（3）影响心输出量的主要因素　心输出量的大小取决于心率和每搏输出量，而每搏输出量的大小主要受静脉回流量和心室肌收缩力的影响。

①静脉回流量：回心血量愈多，心在舒张期充盈就越大，心肌受牵拉就越大，则心室的收缩力量就越强，每搏输出量就越多，心输出量也就越多。

②心室肌的收缩力：在静脉回流量和心舒末期容积不变的情况下，心肌可以在神经系

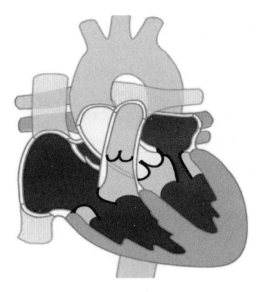

图 4-6　快速充盈期

统和各种体液因素的调节下，改变心肌的收缩力量。如动物在使役、运动时，输出量成倍的增加，而此时心舒张期容量或动脉血压并不明显增大。

③心率：心输出量是每搏输出量与心率的乘积。在一定范围内，心率（在一定范围 1.5～2 倍）的增加可使每分输出量相应增加。但是心率过快，由于心过度消耗供能物质，会使心肌收缩力降低。其次，心率过快时，心动周期的时间缩短，心室缺乏足够的充盈时间，结果每搏输出量减少。

2. 心力储备

心输出量随着机体代谢需要而增强的能力。

（五）心音

在心动周期中，心室肌的收缩和舒张，引起瓣膜的关闭、血流振荡所产生的声音。在每个心动周期中，通过直接听诊或借助听诊器，在胸壁的适当部位可听到"通—塔"2 个声音，分别称为第一心音和第二心音。

1. 第一心音

第一心音又称心缩音，发生在心室收缩期，心室肌收缩引起房室瓣关闭、血液冲击动脉管壁，管壁振动产生的声音。

心缩音的特点：音调低、持续时间较长。

2. 第二心音

第二心音又称心舒音，发生在心室舒张期，心室肌舒张引起动脉瓣关闭、动脉血液回流冲击动脉根部、引起心室壁颤动产生的声音。

心舒音的特点：音调较高，持续时间较短。

二、心肌细胞生物电现象

心肌是由普通的心肌细胞和特殊分化的心肌细胞构成，普通的心肌细胞称工作细胞，特殊分化的心肌细胞称为自律细胞，工作细胞构成心房和心室，自律细胞构成心脏的自动传导系统。自律细胞包括 P 细胞和浦肯野氏细胞，P 细胞构成窦房结，浦肯野氏细胞构成结间束、房室结、房室束和浦肯野氏纤维。

（一）普通心肌细胞的生物电现象

1. 静息电位

静息状态下，细胞膜对 K^+ 有通透性，K^+ 通道蛋白打开，K^+ 大量外流，带负电荷的蛋白质留在膜内，对扩散膜外的 K^+ 构成吸引力。膜内电位降低，膜外电位升高，这时产生电场力，电场力的作用阻止 K^+ 外流，当电场力达到可以阻止 K^+ 外流时，K^+ 外流停止。静息电位是 $-90mV$（图 4 - 7）。

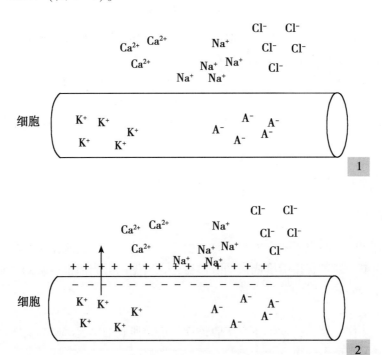

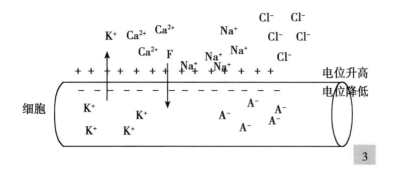

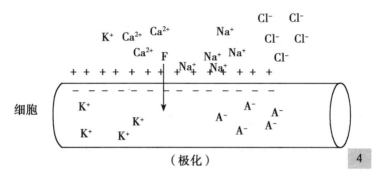

图4-7 心肌细胞静息电位发生机制

2. 动作电位

动作电位发生机理分为0、1、2、3、4五个时期（图4-8和图4-9）。

（1）去极化（0期） 细胞受到一个阈刺激（或阈上刺激），细胞膜上部分 Na^+ 通道开放，有少量 Na^+ 内流，引起细胞膜局部去极化。当膜电位到达阈电位（-70mV），大量 Na^+ 通道开放，Na^+ 迅速内流，膜内电位急剧升高。膜电位为0mV时，Na^+ 内流减慢，直至达到 20～30mV。

（2）复极化

①1期（快速复极初期）：K^+ 快速外流，膜电位由 20～30mV 快速下降 0mV，约10ms。

②2期（缓慢复极或平台期）：Ca^{2+} 通道开放，Ca^{2+} 缓慢内流，K^+ 缓慢外流，Ca^{2+} 内流与 K^+ 外流处于平衡状态。持续 100～150ms。

③3期（快速复极末期）：Ca^{2+} 通道关闭，Ca^{2+} 内流停止，K^+ 外流速度加快，膜电位快速恢复到 -90mV。持续 100～150ms。

④4期（静息期）：进入细胞内的 Ca^{2+}、Na^+，流出细胞外的 K^+，靠 Na^+-K^+ 泵和 $Ca^{2+}-Na^+$ 交换恢复。

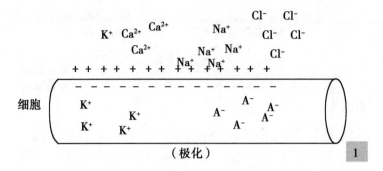

（极化）

1

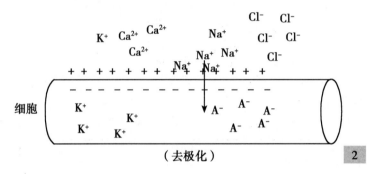

（去极化）

2

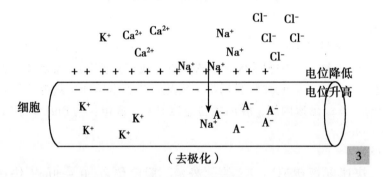

（去极化）

3

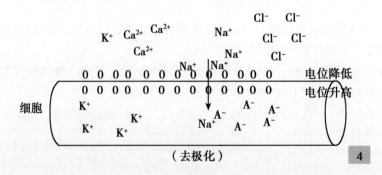

（去极化）

4

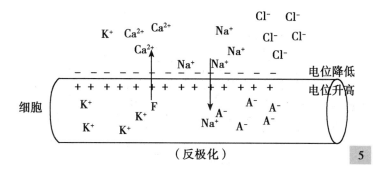

（反极化）　　5

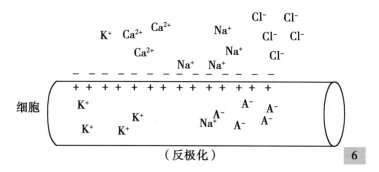

（反极化）　　6

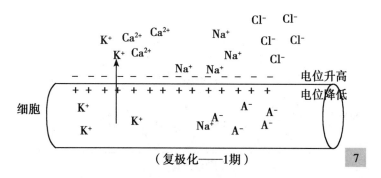

（复极化——1期）　　7

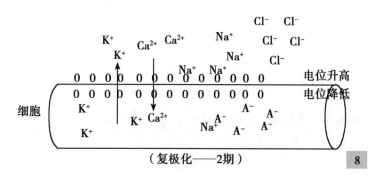

（复极化——2期）　　8

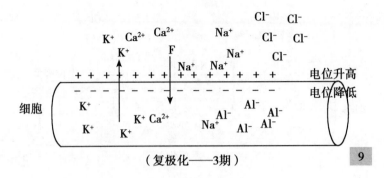

（复极化——3期）
9

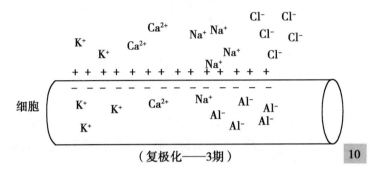

（复极化——3期）
10

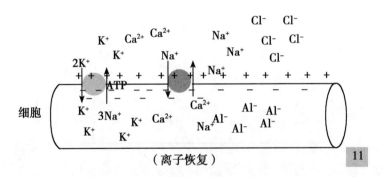

（离子恢复）
11

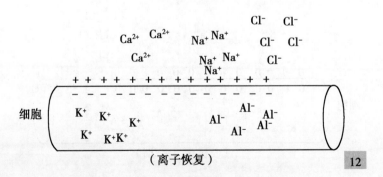

（离子恢复）
12

图 4-8 普通心肌细胞动作电位发生机制

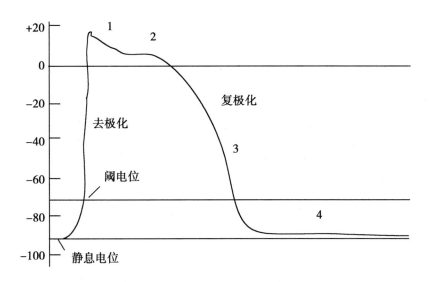

图 4 - 9 普通心肌细胞动作电位曲线

（二）自律细胞的动作电位

1. 浦肯野氏细胞的动作电位

4 期复极不同，膜电位不稳定在静息电位水平，出现自动去极化。静息电位称最大复极电位（-90mV）。

2. P 细胞的动作电位

分为 0 期、3 期、4 期，4 期复极出现自动去极化，最大复极电位（-65 -60mV）。自动去极化 Na^+ 缓慢内流，当膜电位为 -60 ~ -50mV，Ga^{2+} 通道打开缓慢内流（图 4 - 10 和图 4 - 11）。

P 细胞动作电位发生机理如下。

（1）去极化（0 期） Na^+ 部分通道蛋白打开，Na^+ 缓慢内流，当膜电位为 -60 ~ -50mV 时，Ga^{2+} 通道打开，Ga^{2+} 缓慢内流。当膜电位为 -40 ~ -30mV 时（阈电位），Na^+ 通道大量打开，Na^+ 快速内流，快速去极化。

（2）复极化（3 期） K^+ 部分通道蛋白打开，K^+ 快速外流。

（3）离子恢复（4 期） 进入细胞内的 Ca^{2+}、Na^+，流出细胞外的 K^+，靠 $Na^+ - K^+$ 泵和 $Ca^{2+} - Na^+$ 交换恢复。

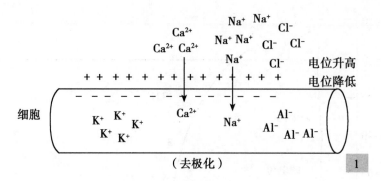

（去极化）

1

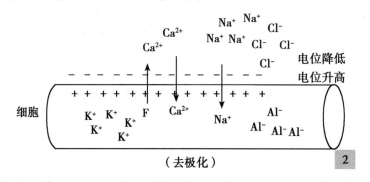

（去极化）

2

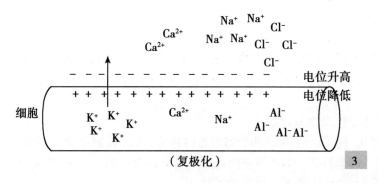

（复极化）

3

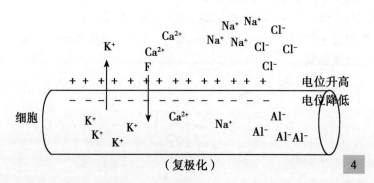

（复极化）

4

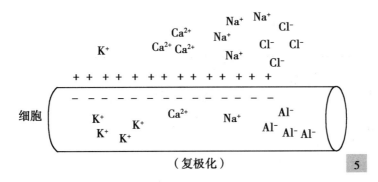

（复极化） 5

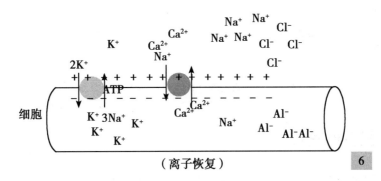

（离子恢复） 6

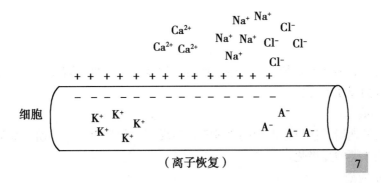

（离子恢复） 7

图 4－10 自律细胞（P 细胞）动作电位发生机制

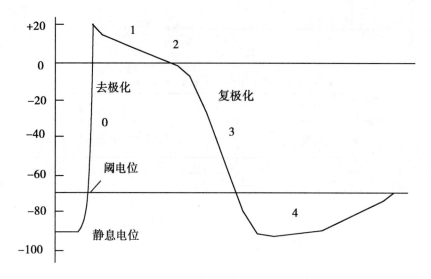

图 4 - 11 自律细胞（P 细胞）动作电位曲线

三、心肌生理特性

心肌工作细胞具有兴奋性、收缩性和传导性，自律细胞具有兴奋性、传导性和自动节律性。

（一）兴奋性

兴奋性是心肌细胞受到刺激后产生动作电位的能力。心肌细胞在一次兴奋过程中其兴奋性发生相应的周期性变化。

1. 绝对不应期

心脏在收缩期给予任何强度的刺激都不发生反应，称为绝对不应期。细胞膜处于动作电位由 0 期到 3 期的复极化。

2. 相对不应期

心脏在舒张期给予较强的刺激能发生反应，称为相对不应期。细胞膜处于动作电位的 4 期。

3. 超常期

相对不应期后给予低于阈值的刺激，可以引起反应。4 期过后，膜电位由 $-80mV$ 恢复到 $-90mV$。

（二）收缩性

收缩性是指心房肌和心室肌的工作细胞接受阈刺激后，具有产生收缩反应的能力。心肌细胞收缩性的特点表现为：不发生强直收缩；有期前收缩和代偿间歇，在心脏的相对不应期内，如果给予心脏一个较强的额外刺激，心脏会发生一次比正常心律提前的收缩，称为期前收缩，期前收缩后出现一个较长的间歇期，称为代偿间歇，恰好补偿期外收缩所缺的间歇时间（图4-12）。

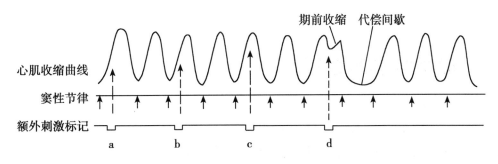

图4-12 心肌活动曲线

（三）传导性

传导性是指心肌细胞上任何部位受到刺激产生的动作电位，不仅可传遍整个细胞，还可通过闰盘传至相邻细胞，乃至整个心脏。正常情况下，由于窦房结的自律性最高，其冲动按下列顺序传播（图4-13）。

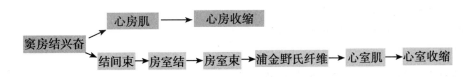

图4-13 心肌动作电位传导的顺序

（四）自动节律性

自动节律性心脏在没有外来刺激的条件下，能自发地产生节律性兴奋的特性，称自动节律性，简称自律性。心肌的自动节律性来源于心的特殊传导系统的自律细胞。心的传导系统的任何一部分都有自动节律性，正常情况下，窦房结的自律性最高，结间束、房室结、房室束、浦肯野氏纤维的自律性依次减弱。以猪为例，窦房结70~80次/min、结间束60次/min、房室结40次/min、房室束20次/min、浦肯野氏纤维15次/min。心跳70~80次/min。

1. 正常起搏点

窦房结是心脏兴奋和搏动的起源，称窦房结为正常起搏点。

2. 潜在起搏点

在窦房结的控制下，结间束、房室结、房室束、浦肯野氏纤维的自动节律性不能表现出来，称这些组织为潜在的起搏点。

第二节 血管生理

一、血管的种类和功能

1. 弹性贮器血管

弹性贮器血管包括：主动脉、肺动脉的主干及最大分支。

特点：血压高、血流快，血管管壁厚，弹性纤维丰富，有较大的可扩张性和弹性。

功能：可缓冲血压的骤然变化，使间断血流转变为连续血流。

2. 分配血管

分配血管包括：中等大小的动脉。

特点：血压高，血流快。

功能：分配血流到全身各个组织器官。

3. 毛细血管前阻力血管

毛细血管前阻力血管包括：小动脉和微动脉。

特点：血压高，血流快，阻力大。

功能：调节局部血管的口径和血流阻力。

4. 毛细血管括约肌

毛细血管括约肌包括：真毛细血管起始部。

功能：控制毛细血管的关闭和开放，决定某段时间内毛细血管开放的数量。

5. 交换血管

交换血管包括：真毛细血管。

特点：血压低、血流速度慢、管壁薄、通透性大。

功能：血液与组织间进行物质交换的场所。

6. 毛细血管后阻力血管

毛细血管后阻力血管包括：微静脉。

特点：管径小，对血流有一定阻力。

功能：调节毛细血管血压，调节体液在血管和组织间分配。

7. 容量血管

容量血管包括：静脉。

特点：数量多，管径大，容量大。

功能：可容纳循环血量的 60% ~ 70% 。

8. 短路血管

短路血管包括：小动脉与小静脉之间。

功能：可使小动脉的血液不经毛细血管而直接流入小静脉，与体温调节有关。

二、血压

血压是指血液在血管内流动对单位面积血管壁产生的侧压力，即压强。用千帕（kPa）表示，1kPa = 7.5109mmHg，1mmHg = 0.133kPa。包括动脉血压、毛细血管血压和静脉血压，动脉血压 > 毛细血管血压 > 静脉血压，通常所说的血压即为动脉血压。血压是相对恒定的，血压过低，不能保证有效的循环血液供应；血压过高，增加心脏和血管负担，甚至损伤血管引起出血。

（一）动脉血压

1. 动脉血压的形成

动脉血压的形成除了循环系统内有足够的血液充盈和心的射血这 2 个基本因素外，外周阻力也是形成动脉血压的重要因素。动脉血压在一个心周期的变化呈先上升后下降。

（1）心缩压　心室收缩时，主动脉压急剧升高，在收缩期的中期达到最高值，此时的动脉血压称为心缩压。收缩压的大小反映心肌的收缩力。

（2）心舒压　心室舒张时，主动脉压下降，在心舒末期降至最低，此时的动脉血压称为心舒压。舒张压大小反映外周阻力，外周小的动脉管径变小、血液黏滞度增高均造成外周阻力增大。

（3）脉搏压　把心缩压和心舒压的差称脉压，脉压大小反映血管壁的弹性。由于一个心动周期中，每一瞬间的动脉压都是变动的，因此把每一瞬间动脉血压的平均值，称为平均动脉压。由于心缩期和心舒期时程不同，故平均动脉压不等于（心缩压 + 心舒压）／2，其值约等于心舒压与 1/3 脉搏压之和。

2. 动脉血压的正常值

家畜血压在不同种动物之间有相当明显差别。正常条件下，同种家畜的动脉血压相当恒定（表 4 - 2）。

表 4 - 2　各种成年家畜颈动脉或股动脉的血压（kPa）

家畜种类	心缩压	心舒压	脉搏压	平均动脉血压
牛	18.7	12.6	6.0	14.7
猪	18.7	10.6	8.0	13.3
绵羊	18.7	12.0	6.7	14.3
马	17.3	12.6	4.7	14.3

3. 影响动脉血压的因素

心的射血和外周阻力是形成血压的主要条件，因此凡是能够影响心输出量和外周阻力的各种因素，都能影响动脉血压。

（1）每搏输出量　在外周阻力和心率相对稳定的条件下，心肌的收缩力增强，每搏输出量增大，心缩期进入主动脉和大动脉的血量增多，收缩压升高。与此同时，管壁弹性扩张使舒张压也有所增大，但由于收缩压升高时血液流速加快，因此，心舒压升高不如心缩压升高那样明显。每搏输出量减少，收缩压降低。

（2）外周阻力　心输出量和心率不变，外周阻力加大（血液黏稠或外周小的动脉血管收缩），则心舒期血液外流的速度减慢，心舒期末主动脉中存留的血量增多，心舒压升高。在心缩期心室射血动脉血压升高，使血流速度加快，因此心缩压的升高不如心舒压的升高明显，故脉压就相应下降。当外周阻力减小时，心舒压与心缩压均下降，心舒压下降比心缩压更明显，故脉搏压加大。

（3）心率　每搏输出量和外周阻力保持不变，而心率加快。由于心舒期缩短，心舒期内流至外周的血量减少，故心舒期末主动脉内存留的血液增多，舒张期血压就升高。动脉血压升高使心缩期血流速度加快，有较多的血液流至外周，故心缩压的升高不如心舒压显著，致使脉压比心率增加前下降。相反，心率减慢时，心舒压与心缩压均下降，但心舒压比心缩压降低的幅度大，故脉搏压增大。

（4）主动脉弹性　动脉管壁弹性好，心缩中期膨胀大，心缩压低；动脉管壁弹性好，心舒末期回缩大，心舒压相对高；脉搏压低。当动脉管壁硬化，心缩压升高，心舒压降低，脉搏压高（图4-14）。

心室收缩动脉膨胀　　　　　　心室舒张动脉回缩

图4-14　主动脉弹性对血压影响

（5）循环血量和血管系统容量比　血管系统的容量保持不变时，循环血量的增加，可使血压升高；循环血量减少（如失血），则动脉血压降低。

对上述影响动脉血压的各种因素的分析，都是在假设其他因素不变的前提下进行的。实际上，在不同的生理条件下，上述各种影响动脉血压的因素可同时发生改变。因此，在某种生理情况下动脉血压的变化，往往是各种因素相互作用的综合结果。

（二）动脉脉搏

动脉血压在每个心动周期中都发生着周期性的波动，收缩期动脉血压升高，血液冲击动脉壁而扩张；舒张期动脉血压降低，动脉管壁回缩。动脉管壁这种周期性的起伏过程称动脉脉搏。检查各种动物脉搏脉的位置：牛主要在尾中动脉，羊和犬主要在股动脉，马主要在颌外动脉。动脉脉搏与心率是一致的，检查动脉脉搏的速度、幅度、硬度以及频率，可以反映心脏的节律性、心肌收缩力和血管壁的机能状态。

（三）静脉血压和静脉回心血量

1. 静脉血压

体循环血液经过动脉和毛细血管到达微静脉时，血压下降至约 1.9kPa（14.25mmHg）。到全身血压最低的右心房，则接近于零。通常将右心房和胸腔内大静脉的血压称为中心静脉压，而各器官静脉的血压称为外周静脉压。

2. 静脉回流

动物躺卧时，全身各大静脉大都与心在同一水平，所以单靠静脉系统中各段的压差就可以推动血液回流心脏。但在站立时，由于重力影响，大量血液沉积在心水平以下的腹腔和四肢的末梢静脉中，而使这些地方的静脉压升高，不利于静脉的回流，以至于影响心输出量。这时需要外力的影响来克服重力的作用，才能保证静脉正常回流。

（1）骨骼肌的挤压作用　肌肉收缩时肌肉内和肌肉间的静脉受挤压，使静脉血流加快。因静脉内有瓣膜，其游离缘只朝向心的方向开放，使血液只能向心的方向流动。因此，骨骼肌和静脉瓣膜一起成了推动静脉回流的"泵"。

（2）胸腔负压的抽吸作用　由于胸膜腔为负压，吸气时更低，使胸腔内的大静脉和右心房更加扩张，压力也进一步降低，因此对于静脉血回流起抽吸作用。呼气时，胸膜腔负压值减小，由静脉回流入右心房的血量也相应减少。可见呼吸运动对静脉回流也起着"泵"的作用。

三、微循环

微动脉和微静脉之间的血液循环，称为微循环。血液循环最主要的功能之一是在血液和组织液之间进行物质交换，这一功能就是通过微循环而实现的。

（一）微循环的组成

微循环由微动脉、后微动脉、毛细血管前括约肌、前毛细血管、真毛细血管、通血毛细血管、动–静脉吻合支和微静脉等组成（图 4 – 15）。

（二）微循环的通路

在微循环系统中，血液从小动脉流到小静脉有 3 条不同的途径。

1. 营养通路

营养通路又称迂回通路，其组成包括微动脉→后微动脉→前毛细血管→真毛细血管→微静脉。特点是血流速度缓慢，血液流程长，与组织细胞接触广泛。功能是进行物质交换的场所（图 4 – 16）。

2. 直捷通路

直捷通路组成包括微动脉→后微动脉→前毛细血管→通血毛细血管→微静脉。特点是血流速度较快，血液流程短。功能是加速血液回流（图 4 – 17）。

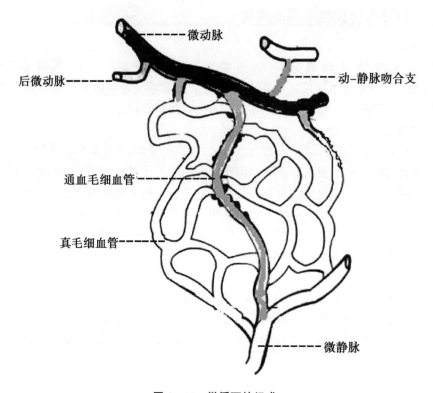

图 4 – 15　微循环的组成

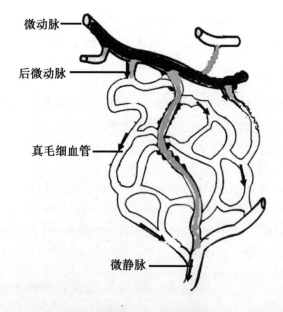

图 4 – 16　营养通路

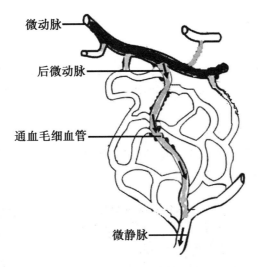

图 4 - 17　直捷通路

3. 动 - 静脉短路

动 - 静脉短路组成包括微动脉→后微动脉→动 - 静脉吻合支→微静脉。特点是主要位于四肢皮肤。功能是调节体温（图 4 - 18）。

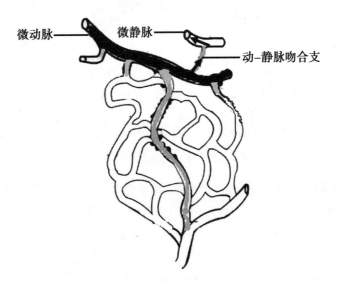

图 4 - 18　动 - 静脉短路

四、组织液生成和回流

绝大部分组织液呈胶冻状，存在于组织、细胞的间隙内，不能自由流动，因此不会因重力作用而流至身体的低垂部分。组织液中有极小一部分呈液态，可自由流动。组织液中各种离子成分与血浆相同。组织液中也存在各种血浆蛋白质，但其浓度则明显低于血浆。

（一）组织液生成和回流

1. 组织液的生成

血液中的血浆从毛细血管动脉端滤出后，弥散在组织细胞之间，供给组织细胞活动所需的营养物质和氧气，并接受细胞的代谢产物。这种弥散在组织细胞之间的液体叫组织液。

2. 组织液的回流和淋巴液生成

组织液大部分在毛细血管静脉端渗回毛细血管叫组织液回流。小部分组织液渗入毛细淋巴管形成淋巴液叫淋巴液生成（图4－19）。

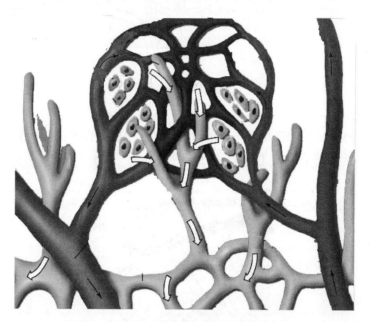

图4－19 组织液生成与回流及淋巴液的生成

组织液生成和回流由4个因素共同完成，即毛细血管血压、组织液静水压、血浆胶体渗透压和组织液胶体渗透压。它们的作用：毛细血管血压和组织液胶体渗透压是促使液体由毛细血管内向血管外滤过（即生成组织液）的力量，而组织液静水压和血浆胶体渗透压是将液体从血管外重吸收入毛细血管内（即回流组织液）的力量。滤过的力量（毛细血管血压＋组织液胶体渗透压）和重吸收的力量（组织液静水压＋血浆胶体渗透压）之差，称为有效滤过压（图4－20）。

有效滤过压＝滤过的力量－重吸收的力量＝

（毛细血管血压＋组织液胶体渗透压）－（组织液静水压＋血浆胶体渗透压）

组织液生成和回流的动力是有效滤过压，有效滤过压大于零组织液生成，有效滤过压小于零组织液回流。

毛细血管动脉端有效滤过压＝（4＋2）－（1.33＋3.3）＝1.37＞0

毛细血管静脉端有效滤过压＝（1.6＋2）－（1.33＋3.3）＝－1.03＜0

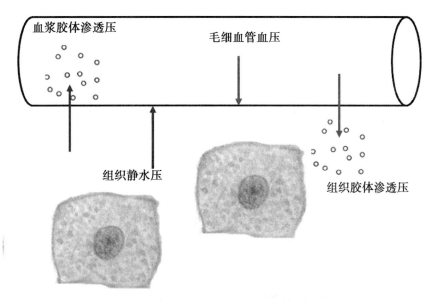

图 4 - 20 组织液生成与回流的有效滤过压

毛细血管动脉端有效滤过压大于零，组织液生成；毛细血管静脉端有效滤过压小于零，组织液回流。组织液生成量 = 组织液回流 + 淋巴液生成量。

（二）影响组织液生成和回流的因素

在正常情况下，组织液的生成和回流，处于动态平衡状态，故血量和组织液量能维持相对稳定。若这种动态平衡遭到破坏，如发生组织液生成过多或回流减少，组织间隙中就有过多的液体游留，形成组织水肿。一旦与有效滤过压有关的因素发生改变，或毛细血管壁的通透性发生变化，都将影响组织液的生成。

1. 毛细血管血压

毛细血管血压升高，组织液生成增加。

2. 血浆胶体渗透压

当血浆蛋白生成减少（如慢性、消耗性疾病，肝病）或蛋白排出增加（如肾病）均可使血浆胶体渗透压、有效滤过压降低，从而使组织液生成增加，甚至发生水肿。

3. 淋巴回流

因有少量的组织液是生成淋巴后经淋巴回流的，一旦淋巴回流受阻（丝虫病、肿瘤病等）可导致水肿。

4. 毛细血管通透性

通透性大时血浆蛋白也可能漏出，使血浆胶体渗透压突然下降，而组织液胶体渗透压升高，有效滤过压上升，组织液生成增多。

第三节 心血管活动的调节

一、心血管活动的神经调节

（一）感受器

感受器位于主动脉弓和颈动脉窦处，有压力感受器和化学感受器（图4-21）。

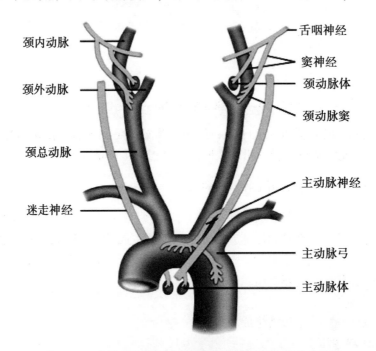

图4-21 主动脉弓和颈动脉窦的压力感受器和化学感受器

（二）心血管活动中枢

心血管活动中枢位于延髓，包括心加速中枢、心抑制中枢和缩血管中枢。

（三）支配心血管的神经

支配心血管的神经有心交感神经、心迷走神经和缩血管神经。心交感神经是交感神经，心迷走神经是副交感神经，缩血管神经是交感神经。

（四）心血管活动反射

1. 压力感受性反射

（1）当血压升高时压力感受性反射　当血压升高时，通过神经调节使血压恢复正常（图4-22）。

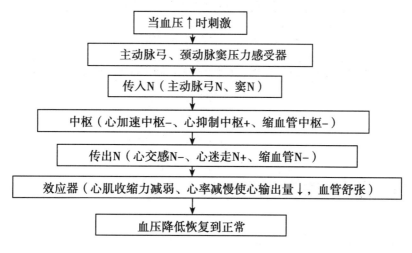

图 4-22　血压升高时压力感受性反射

（2）当血压降低时压力感受性反射　当血压降低时，通过神经调节使血压恢复正常（图4-23）。

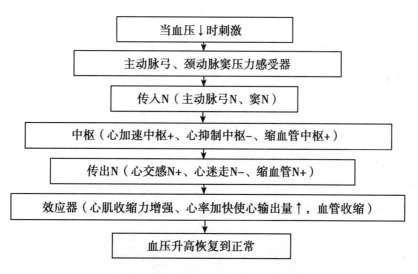

图 4-23　血压降低时压力感受性反射

2. 化学感受性反射

当血液中 $CO_2\uparrow$、$O_2\downarrow$、pH 值 $\downarrow$ 时，通过神经调节使血压升高（图4-24）。

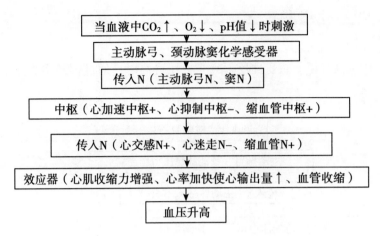

图 4-24 血压降低时压力感受性反射

二、心血管活动的体液调节

（一）肾上腺素和去甲肾上腺素

1. 肾上腺素

使心肌收缩力增强、心率加快→心输出量增加→血压升高，即强心作用。

2. 去甲肾上腺素

使小动脉血管收缩→外周阻力增大→血压升高，即升压作用。

（二）肾素－血管紧张素－醛固酮系统

当肾供血不足时，肾小球旁器（图 4-25）分泌一种蛋白酶叫肾素，肾素进入血液运输到肝脏。

$$血管紧张素原 \xrightarrow[\text{（肝脏）}]{\text{肾素}} 血管紧张素 I \xrightarrow[\text{（肺脏）}]{\text{血管紧张素转化酶}}$$

$$血管紧张素 II \xrightarrow[\text{（血浆、组织）}]{\text{血管紧张素酶 A}} 血管紧张素 III$$

血管紧张素 II 具有极强的缩血管作用，是去甲肾上腺素的 40 倍，血管紧张素 III，促进肾上腺皮质分泌醛固酮，促进钠和水的重吸收，增加体液总量，也会使血压升高。

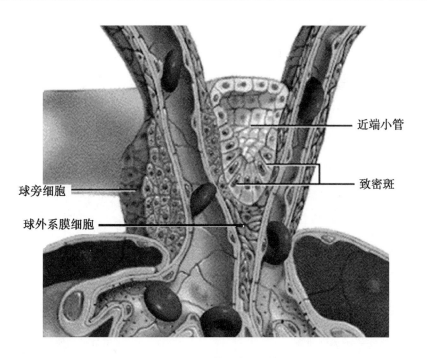

图 4 – 25　肾小球旁器

第五章 呼 吸

有机体在新陈代谢过程中，不断地从外界环境吸入 O_2，同时又不断呼出体内氧化过程中所产生的 CO_2，机体与外界环境之间进行的这种气体交换的过程，称为呼吸。

由呼吸系统从外界吸入的 O_2，由血液沿心血管系统运送到全身的组织细胞；组织细胞经过氧化产生 CO_2，又通过血液经心血管系统运至呼吸系统排出体外，这样才能维持机体正常生命活动的进行。因此，高等动物完整的呼吸过程包括：外呼吸、气体运输和内呼吸3个环节（图5-1）。

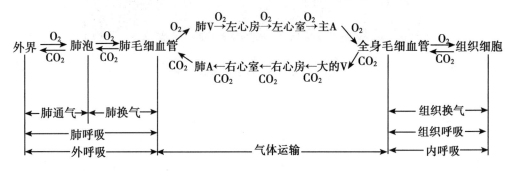

图5-1 呼吸的全过程

大的静脉包括：前腔静脉、后腔静脉和奇静脉。

1. 外呼吸

外呼吸又称肺呼吸，包括肺通气和肺换气。肺泡气与外界空气之间进行的气体交换过程称为肺通气，肺泡气与肺毛细血管之间进行的气体交换过程称为肺换气。

2. 气体运输

通过血液循环，将从肺泡摄取的 O_2 由肺毛细血管运送到全身毛细血管，同时把组织细胞产生的 CO_2 由全身毛细血管运送到肺毛细血管的过程称为气体运输。

3. 内呼吸

内呼吸又称组织呼吸或组织换气，是指细胞通过组织液与血液之间的气体交换过程。

第一节 肺通气

肺通气取决于气体流动的动力和阻力之间相互作用，肺通气是血液与肺泡之间进行气体交换的前提，大气压与肺内压之间的差是气体进出肺通气的直接动力，呼吸肌的收缩和舒张是肺换气的原动力。

一、呼吸运动

呼吸肌的收缩和舒张所引起胸腔的扩大和缩小，肺也随之扩大和缩小的过程，称为呼吸运动。可分为平静呼吸和用力呼吸 2 种类型。安静状态下的呼吸称为平静（平和）呼吸，用力而加深的呼吸称为用力呼吸。

（一）吸气运动

吸气运动是指平静吸气，由吸气肌的收缩而产生。膈肌收缩时，膈肌后移，使胸腔的前后径增大，胸腔容积增大；肋间外肌收缩，牵拉后一肋向前移，向外展，同时胸骨下沉，结果使胸腔的左右径和上下径都增大，胸腔容积增大（图 5 - 2）。由于胸腔扩大，肺也随之被扩张，肺容积增大，肺内压低于大气压，空气即经呼吸道进入肺内，引起吸气动作。吸气是主动的。用力吸气，除膈肌和肋间外肌收缩增强外，吸气上锯肌、斜角肌和提肋肌等也发生收缩活动。

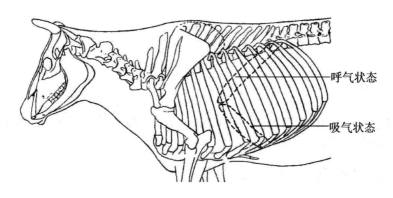

呼气状态

吸气状态

图 5 - 2　膈在呼吸运动中的位置

（二）呼气运动

呼气运动是指平静呼气时，呼气运动不需呼气肌收缩，只要膈肌与肋间外肌舒张，膈肌和肋回位，恢复其吸气开始前的位置，产生呼气，呼气是被动的。在用力呼时，呼气肌才参与收缩，使胸廓进一步缩小。主要的呼气肌是肋间内肌和腹壁肌。肋间内肌收缩时使肋骨后移、内收和胸骨上移，使胸腔缩小，产生呼气。腹肌的收缩，压迫腹腔内器官，推动膈前移，使胸腔容积缩小，协助产生呼气。呼气也是主动过程。

二、呼吸类型

根据在呼吸过程中，呼吸肌活动的强度和胸腹部起伏变化的程度将呼吸分为胸式呼吸、腹式呼吸和胸腹式呼吸。

（一）胸式呼吸

胸式呼吸主要由肋间肌收缩和舒张为主的呼吸运动，胸部起伏明显。腹部有些疾病出现胸式呼吸，如瘤胃鼓气；母畜妊娠后期也出现胸式呼吸。胸式呼吸是犬的正常呼吸式，因为犬的肋间隙大，肋间肌发达（图5-3）。

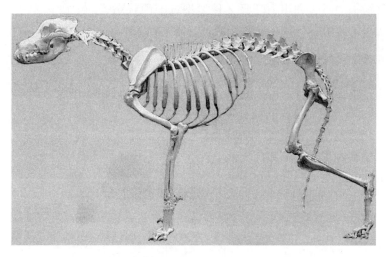

图5-3　犬的肋间隙

（二）腹式呼吸

腹式呼吸主要由膈肌收缩和舒张为主的呼吸运动，腹壁起伏明显。胸部有些疾病出现腹式呼吸，如胸膜炎或肋骨骨折。

（三）胸腹式呼吸

胸腹式呼吸是肋间外肌和膈肌都参与的呼吸运动，胸腹部都有明显起伏。健康家畜的呼吸多属于这一类型。

三、呼吸频率

家畜每分钟的呼吸次数叫做呼吸频率。呼吸频率可因种别、年龄、外界温度、海拔高度、新陈代谢强度以及疾病等的影响而发生变化。如幼小家畜呼吸频率较成年同种家畜为高；高产乳牛呼吸频率高于低产牛；家畜患某些疾病，如肺水肿时，呼吸频率高于健康家畜的4~5倍；各种正常动物的呼吸频率见表5-1。

表5-1　各种正常家畜的呼吸频率（次/min）

畜别	牛	水牛	猪	绵羊	山羊	马	骆驼
频率	10~30	9~18	15~24	12~24	10~20	8~16	5~12

四、呼吸音

呼吸运动时气体通过呼吸道及出入肺泡时，因摩擦产生的声音叫做呼吸音，在胸廓的表面或颈部气管附近，可以听到下列呼吸音。

（一）肺泡呼吸音

肺泡呼吸音类似"V"的延长音，由于空气进入肺泡，引起肺泡壁紧张所产生的。吸气时在胸廓的表面能够清楚地听到。

（二）支气管呼吸音

支气管呼吸音类似"Ch"的延长音，呼气时在喉和气管处能够清楚地听到。

临床工作中如炎症、肿胀、炎性分泌物渗出或管道狭窄、肺泡破裂等发生时，可以根据呼吸音的异常变化，提供诊断依据。

五、呼吸中肺内压和胸膜腔内压的变化

（一）肺内压

肺内压是指肺泡内的压力。呼吸过程中，肺内压是周期性变化的，平静吸气之初，肺内压暂时下降，空气顺气压差进入肺泡。肺内压随之逐渐升高，至吸气末，肺内压等于大气压。平静呼气初，肺内压暂时比大气压要高，于是肺内气体顺气压差排出。至呼气末肺内压又下降至等于大气压。这种周期性的变化，造成肺内压与大气压之间的压力差，正是实现肺通气的直接动力。

（二）胸内压

胸内压是指胸膜腔内压。测定结果表明，无论是吸气还是呼气过程，胸内压始终低于大气压，即为负压（图 5 - 3）。

1. 胸内负压的形成原理

胸膜壁层的表面由于受坚固的胸腔和肌肉的保护，作用于胸壁的大气压影响不到胸膜腔，所以胸膜内的压力是通过胸膜脏层作用于胸膜腔内。胸膜脏层表面的压力有 2 个：一是肺内压，使肺泡扩张；二是肺的回缩力，使肺泡缩小，其作用方向与肺内压相反（图 5 - 4）。因此，胸膜腔内的压力实际上是这两种方向相反的力的代数和：胸膜腔内压 = 肺内压 - 肺回缩力。

2. 胸内压负压的生理意义

①使肺处于持续扩张状态，不致因回缩力而使肺完全塌陷，从而能保证持续性的气体交换。

②使胸腔内大的腔静脉血管、淋巴管处于持续扩张状态，可降低中心静脉压，有助于

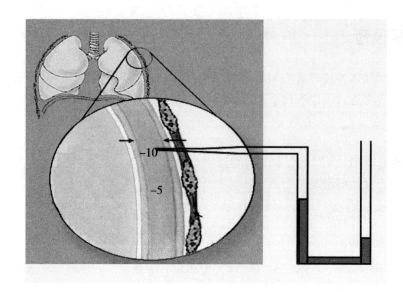

图 5 - 4　胸内压的测定

静脉血和淋巴的回流。尤其是在做深吸气时，胸内压更低，进一步吸收血液回心。

③使胸部食管处于持续扩张状态，有利于反刍动物反刍时的逆呕，也有利于呕吐反射。

如果胸膜腔破裂（如当肋间破裂），与大气相通，空气将立即进入胸膜腔，形成气胸（图 5 - 5），胸内负压消失，两层胸膜彼此分开，肺将因其本身的回缩力而塌陷，呼吸功能被破坏。这时，尽管呼吸运动仍在进行，肺却减小或失去了随胸廓运动而运动的能力，其程度视气胸的程度和类型而异。显然，气胸时，肺的通气功能受到妨碍，胸腔大静脉和淋巴回流也将受阻，甚至因呼吸、循环功能严重障碍而危及生命。

六、肺通气的阻力

（一）弹性阻力

弹性阻力是肺和胸廓的弹性阻力，弹性组织在外力作用下变形时，有对抗变形和弹性回位的倾向，称为弹性阻力。

（二）非弹性阻力

非弹性阻力包括惯性阻力、黏滞阻力和气道阻力。

1. 惯性阻力

气流在发动、变速、换向时因气流和组织的惯性所产生的阻止运动的因素。

2. 黏滞阻力

来自呼吸时组织相对位移所发生的摩擦。

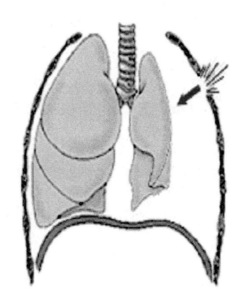

图 5 - 5 气胸

3. 气道阻力

气体分子间、气体分子与气道之间的摩擦。

七、肺通气功能的评价

(一) 肺容积

肺内气体的容积称为肺容积。通常分为潮气量、补吸气量、补呼气量和余气量。它们互补重叠，全部相加等于肺的总容量（图 5 - 6）。

1. 潮气量

平静呼吸时每次吸入或呼出的气体量。

2. 补吸气量

补吸气量又叫吸气贮备量，平静吸气末，再尽力吸气所能吸入的气体量。

3. 补呼气量

补呼气量又叫呼气贮备量，平静呼气末，再尽力呼气所能呼出的气体量。

4. 余气量

余气量又叫残气量，最大呼气末存留于肺中不能再呼出的气体量。

(二) 肺容量

肺容积中 2 项或 2 项以上的联合气体量被称为肺容量。包括深吸气量、功能余气量、肺活量和肺总量（图 5 - 6）。

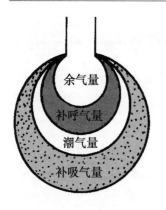

图 5 - 6　肺静态容积

1. 深吸气量

平静呼气末最大吸气吸入的气体量。即：

深吸气量 = 潮气量 + 补吸气量

2. 功能余气量

平静呼气末肺内存留的气体量。即：

功能余气量 = 余气量 + 补呼气量

3. 肺活量

最大吸气后，用力呼出的最大气体量。即：

肺活量 = 潮气量 + 补吸气量 + 补呼气量

4. 肺总量

肺所能容纳的最大气体量为肺总量。即：

肺总量 = 肺活量 + 余气量

（三）肺通气量和肺泡通气量

1. 每分通气量

每分钟吸入或呼出的气体总量称为肺通气量。即：

每分通气量 = 潮气量 × 呼吸频率

2. 无效腔

包括解剖无效腔和生理无效腔。

（1）解剖无效腔　呼吸性细支气管以上的呼吸道气体不参与气体交换，称为解剖无效腔。

（2）生理无效腔　进入肺而未能发生气体交换的这部分肺泡容量称为生理无效腔。

3. 肺泡通气量

每分钟吸入肺泡并与血液进行气体交换的新鲜空气量。即：

肺泡通气量 = （潮气量 - 无效腔气量）× 呼吸频率

第二节　气体交换

气体交换包括肺换气和组织换气，气体分压差是气体交换的动力。

一、气体交换的原理

各种气体都有弥散性，从分压高处向分压低处产生净移动，称为气体扩散，是气体交换的原理。混合气体中，每种气体分子运动所产生的压力为该气体的分压。气体分压（P）等于混合气的总压力乘以该气体在总混合气体中所占的容积百分比。肺泡气、血液和组织细胞内氧的分压（P_{O_2}）和二氧化碳的分压（P_{CO_2}）各不相同（表 5 - 2），彼此间存在分压差，是驱使气体交换的动力。

表 5 - 2　肺泡气、组织细胞和血液中的 P_{O_2} 和 P_{CO_2}

分压	肺泡气（kPa）	静脉血（kPa）	动脉血（kPa）	组织液（kPa）
氧气分压（P_{O_2}）	13.6	5.33	13.3	3.99
二氧化碳分压（P_{CO_2}）	5.33	6.13	5.33	6.66

二、肺换气

肺换气是肺泡与肺毛细血管之间的气体交换，是通过呼吸膜完成的。

（一）呼吸膜

肺泡与肺毛细血管之间进行气体交换所通过的组织结构，称为呼吸膜。在电子显微镜下，呼吸膜有 7 层结构组成：肺泡表面活性物质、液体分子层、肺泡上皮细胞、肺泡基膜、肺泡和毛细血管之间的间隙、毛细血管基膜和毛细血管内皮（图 5 - 7）。呼吸膜通透性大，O_2 和 CO_2 分子极易扩散通过。肺泡上皮内表面分布有极薄的液体分子层，它与肺泡气体形成气 - 液界面，产生表面张力，因而使肺泡趋向回缩，防止肺泡过度膨胀。肺泡表面活性物质是肺泡 II 细胞合成并分泌的一种脂蛋白混合物，主要成分是二棕榈酰卵磷脂。具有降低肺泡表面张力的作用。降低吸气阻力，有利于肺的扩张；维持大小肺泡容积的稳定性；减小肺泡表面张力对血管中液体吸引作用，防止液体进入肺泡，保持肺泡干燥，防止肺水肿。

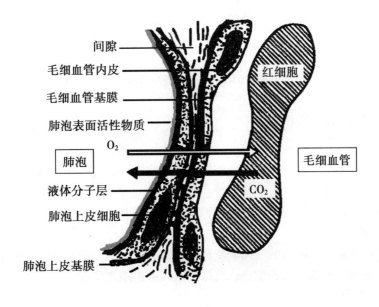

图 5 - 7　呼吸膜的结构

（二）肺换气发生机理

肺泡内 P_{O_2} 为 13.83kPa，P_{CO_2} 为 5.32kPa；肺毛细血管内 P_{O_2} 为 5.32kPa，P_{CO_2} 为 6.12kPa。肺泡内的 P_{O_2} 大于肺泡毛细血管内 P_{O_2}，肺泡毛细血管内 P_{CO_2} 大于肺泡内 P_{CO_2}。因此，肺泡内 O_2 扩散到肺毛细血管内，肺毛细血管内 CO_2 扩散到肺泡内，从而使流经肺毛细血管的静脉血变为动脉血（图 5 - 8）。

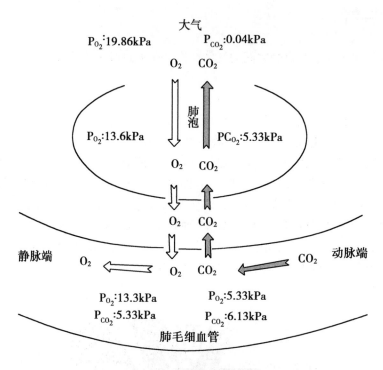

图 5 - 8　肺换气发生机理

（三）影响肺换气因素

1. 呼吸膜的厚度

呼吸膜的厚度不仅影响气体扩散的距离，也影响膜的通透性。气体扩散速率与呼吸膜的厚度成反比，呼吸膜愈厚，扩散速率就愈慢。在病理情况下，如肺纤维化、肺水肿等，使呼吸膜增厚，导致气体扩散减少，直接影响换气功能。

2. 呼吸膜的面积

呼吸膜的面积越大，扩散的气体量就越多。病理情况下，如肺不张、肺水肿、肺毛细血管闭塞等，呼吸膜的面积大为缩小，气体扩散速率也随之降低。

3. 肺血流量

体内 O_2 和 CO_2 靠血液循环运输，所以单位时间肺血流量增多，会影响呼吸膜两侧的 P_{O_2} 和 P_{CO_2}，从而影响肺换气。

三、组织换气

组织换气也是通过呼吸膜完成的。

（一）呼吸膜

呼吸膜由 4 层结构组成：组织细胞膜、组织液、毛细血管的基膜和毛细血管内皮细胞。呼吸膜通透性大，O_2 和 CO_2 分子极易扩散通过。

（二）组织换气发生机理

组织细胞在代谢中不断消耗 O_2，并源源不断产生 CO_2。组织细胞内 P_{O_2} 为 5.32kPa，P_{CO_2} 为 6.12kPa；全身毛细血管内 P_{O_2} 为 13.3kPa，P_{CO_2} 为 5.32kPa。组织细胞内 P_{CO_2} 高于全身毛细血管内 P_{CO_2}，全身毛细血管内 P_{O_2} 高于组织细胞内 P_{O_2}。因此，组织细胞内 CO_2 就扩散到全身毛细血管内，全身毛细血管内的 O_2 就扩散到组织细胞内。从而使流经全身毛细血管的动脉血变成了静脉血（图 5-9）。

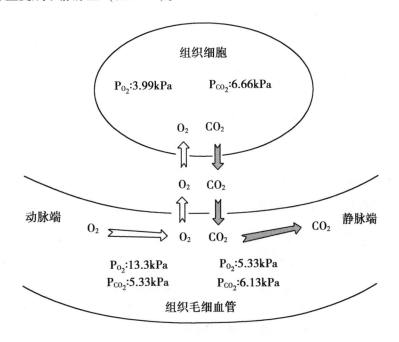

图 5-9　组织换气发生机理

（三）影响组织交换的因素

1. 呼吸膜的厚度

正常情况下，组织换气呼吸膜很薄，具有很强的通透性，在病理情况下，如组织水肿，使呼吸膜增厚，通透性降低，组织换气导致减少。

2. 组织细胞代谢水平和组织血流量

当血流量不变时，代谢增强，耗氧量大，组织液中的 P_{CO_2} 上升，P_{O_2} 下降。如果代谢强度不变，血流量加大时，则 P_{O_2} 升高，P_{CO_2} 降低。这些气体分压的变化将直接影响气体扩散速率和组织换气功能。当全身血液循环障碍，如心力衰竭、局部贫血和淤血等病理情况下，组织换气受影响，严重引起局部缺氧。

第三节　气体运输

血液运输气体有 2 种方式：一种是物理溶解，另一种是化学结合。

一、O_2 的运输

（一）物理溶解形式的运输

O_2 通过肺换气扩散到肺毛细血管，溶解在血浆中运输，约占血液中 O_2 总量的 1.5%。

（二）化学结合形式的运输

O_2 以氧合血红蛋白（HbO_2）的形式存在于红细胞内运输，约占血液中 O_2 总量的 98.5%。

红细胞中的血红蛋白（Hb）是一个结合蛋白，由 1 个珠蛋白和 4 个亚铁血红素组成。Hb 与 O_2 结合的特点是结合快、可逆，解离也快。当肺交换气体后，血液中 P_{O_2} 升高，Hb 与 O_2 结合，生成氧合血红蛋白（HbO_2）；HbO_2 由肺毛细血管经血液运输到全身毛细血管时，由于组织代谢耗氧，组织内 P_{O_2} 低，于是 HbO_2 便解离为脱氧（还原）血红蛋白（HHb），释放出的 O_2 供组织代谢需要（图 5 - 10）。这一过程可用下式表示：

$$Hb + O_2 \xrightarrow[\text{PO}_2 \text{ 低时（组织）}]{\text{PO}_2 \text{ 高时（肺）}} HbO_2$$

HbO_2 呈鲜红色，多含于动脉血中；HHb 呈暗红色，静脉血中含量大。因此动脉血较静脉血鲜红。当皮肤或黏膜表层毛细血管中 HHb 含量增加到较高水平时，皮肤或黏膜会出现青紫色，称为紫绀。是缺氧的表现。另外，一氧化碳（CO）也能与 Hb 结合成 Hb-CO，使 Hb 失去运输 O_2 的能力，而且 CO 的结合力比 O_2 大 210 倍。但由于 HbCO 呈樱桃红色，动物虽缺氧却不出现紫绀。

（三）氧离曲线及生理意义

氧离曲线有重要的生理意义（图 5 - 11）。

1. 曲线上段

60 ~ 100 mmHg 之间，曲线平坦，P_{O_2} 对 Hb 氧饱和度影响不大。

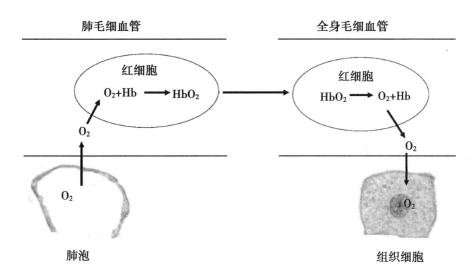

图 5-10 氧以血红蛋白形式运输示意图

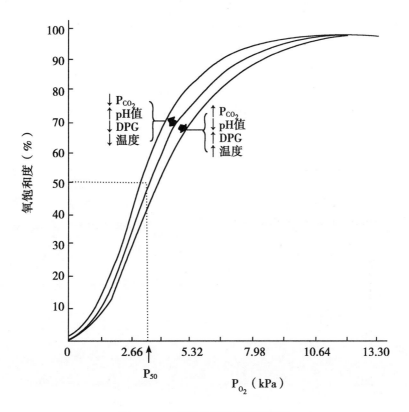

图 5-11 氧离曲线及其影响因素

2. 曲线中段

40 ~ 60 mmHg 之间，曲线波度较陡，P_{O_2} 下降 Hb 氧饱和度明显降低，解离出大量 O_2，其意义是有利于组织细胞从血液中摄取 O_2。

3. 曲线下段

15 ~ 40 mmHg，曲线波度最陡，只要血液中 P_{O_2} 稍下降 Hb 氧饱和度就大幅度降低，解离出大量 O_2，代 O_2 的贮存。活动组织细胞从血液中摄取足够 O_2。

二、CO_2 的运输

（一）物理溶解形式的运输

CO_2 通过组织换气扩散到全身毛细血管，溶解在血浆中运输，约占血液中 CO_2 总量的 5%。

（二）化学结合形式的运输

CO_2 通过组织换气扩散到全身毛细血管，溶解在血浆中，绝大部分扩散进入红细胞内，以氨基甲酸血红蛋白形式（Hb-NHCOOH）和碳酸氢盐形式运输，约占血液中 CO_2 总量的 95%。

1. 氨基甲酸血红蛋白形式运输

约占血液中 CO_2 总量的 7%（图 5 – 12）。进入红细胞的 CO_2，与 Hb 的氨基（ – NH_2）相结合，形成 Hb – NHCOOH，这一反应迅速、可逆，无需酶参与，主要调节因素是氧合作用。

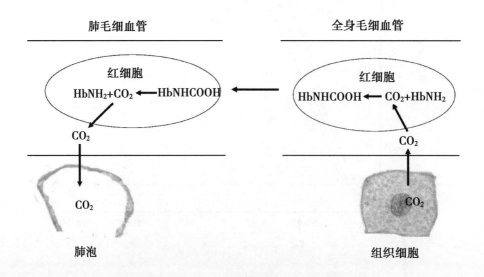

图 5 – 12　二氧化碳以氨基甲酸血红蛋白形式运输

HHb 结合 CO_2 的能力大于 HbO_2。由于在全身毛细血管血红蛋白释放 O_2，HHb 生成多，

结合 CO_2 的量增加，促使生成更多的 Hb–NHCOOH；Hb–NHCOOH 由全身毛细血管运输到肺毛细血管，在肺毛细血管，HHb 与 O_2 结合生成 HbO_2，因而可促使 Hb–NHCOOH 解离出 HHb，释放出 CO_2，CO_2 通过肺换气进入肺泡而排出体外。这一过程可用下式表示：

$$Hb-NH_2 + CO_2 \xrightleftharpoons[P_{CO_2}低时（肺）]{P_{CO_2}高时（组织）} Hb-NHCOOH$$

这种形式运输 CO_2 的效率很高，虽然以 Hb–NHCOOH 形式运输的 CO_2 仅占总运输量的7%左右，但在肺部排出的 CO_2 总量中，却有17.5%左右由 Hb–NHCOOH 所释放。

2. 碳酸氢盐形式运输

以碳酸氢钾和碳酸氢钠的形式运输，约占血液中 CO_2 总量的88%（图5–13）。进入红细胞内的 CO_2，在碳酸酐酶（CA）的催化下，很快与水反应生成碳酸，碳酸进一步解离生成碳酸氢根和氢离子。

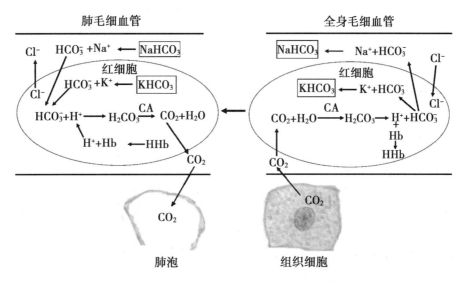

图5–13 二氧化碳以碳酸氢盐形式运输

$$CO_2 + H_2O \xrightarrow{碳酸酐酶} H_2CO_3 \longrightarrow H^+ + HCO_3^-$$

生成的 HCO_3^- 量超过血浆中的 HCO_3^- 含量时，可透过红细胞膜顺浓度差扩散入血浆。这时有等量的 Cl^- 由血浆扩散进入红细胞，以维持细胞内外正、负离子平衡，这一现象称为氯转移。这样，HCO_3^- 不会在红细胞内积聚，使反应不断往右方进行，有利于组织产生的 CO_2 不断进入血液。所生成的 HCO_3^-，在红细胞内与 K^+ 结合，在血浆内则与 Na^+ 结合，分别以 $KHCO_3$ 和 $NaHCO_3$ 形式存在。所生成的 H^+ 大部分与 Hb 结合成为 HHb。

在红细胞中：$HCO_3^- + K^+ \longrightarrow KHCO_3$， $+ H^+ + Hb \longrightarrow HHb$

在血浆中：$HCO_3^- + Na^+ \longrightarrow NaHCO_3$

血浆中的 $NaHCO_3/H_2CO_3$，红细胞中的 HHb/KHb 是重要的缓冲对，因此，Hb 和 HCO_3^- 在运输 CO_2 过程中，对机体的酸碱平衡起重要的缓冲作用。

$KHCO_3$ 和 $NaHCO_3$ 由全身毛细血管运输到肺毛细血管，由于肺换气，肺毛细血管中

的 CO_2 扩散到肺泡，肺毛细血管中 P_{O_2} 降低，上述反应向左方进行，血浆中溶解的 CO_2 首先扩散入肺泡。而红细胞内，在碳酸酐酶作用下，CO_2 的水化反应逆向左方进行，生成 CO_2 和水。CO_2 则由红细胞透出，补充血浆中溶解的 CO_2。

在红细胞中：$KHCO_3 \longrightarrow HCO_3^- + K^+$，$HHb \longrightarrow H^+ + Hb$

$H^+ + HCO_3^- \longrightarrow H_2CO_3 \xrightarrow{\text{碳酸酐酶}} CO_2 + H_2O$

红细胞内 H_2CO_3 逐渐减少，促使血浆中 $NaHCO_3$ 分解生成的 HCO_3^- 不断扩散进入红细胞，以补充消耗的 HCO_3^-，同时发生反向的氯转移，维持红细胞内外正、负离子平衡。

在血浆中：$NaHCO_3 \longrightarrow HCO_3^- + Na^+$

这样，通过 HCO_3^- 形式运输的 CO_2，不断由血液进入肺泡排出体外。

第四节　呼吸运动的调节

一、神经调节

（一）呼吸中枢

中枢神经系统内产生和调节呼吸运动的神经细胞群，称为呼吸中枢。它们分布在大脑皮层、间脑、脑桥、延髓和脊髓等部位。

1. 脊髓

在颈、胸段脊髓含有支配膈肌、肋间肌和腹壁等呼吸肌的运动神经元，是联系上位呼吸中枢和呼吸肌的中继站和整合某些呼吸反应的初级中枢。

2. 延髓

延髓有呼吸运动的基本中枢。分为吸气中枢和呼气中枢，吸气中枢兴奋时，呼气中枢抑制，引起吸气运动；呼气中枢兴奋时，吸气中枢抑制，引起呼气运动。

3. 脑桥

脑桥有呼吸调整中枢，对维持呼吸运动的节律性和呼吸深度有一定意义。

4. 大脑皮质

大脑皮质有呼吸高级中枢，可以随意控制呼吸。

（二）呼吸的反射性调节

呼吸节律虽然产生于中枢神经系统，然而呼吸活动可受机体内、外环境各种刺激的影响使呼吸发生反射性的改变，其中最重要的是肺牵张反射。由于肺扩张或肺缩小引起的吸气抑制或兴奋的反射称为肺牵张反射。它包括肺扩张反射和肺缩小反射。

1. 肺扩张反射

肺扩张反射是由于肺扩张时引起吸气抑制的反射。感受器位于从气管到细支气管的平滑肌中。当肺扩张时，感受器兴奋→冲动经迷走神经传入延髓，通过一定的神经联系使呼气中枢兴奋，吸气中枢抑制→使肋间神经和膈神经抑制→引起肋间肌和膈肌舒张，而引起呼气运动。肺扩张反射可加速吸气和呼气的交替，使呼吸频率增加。当切断两侧的迷走神经后，肺牵张反射不能实现，但呼吸调整中枢能起作用。结果使吸气延长、加深，呼吸变得深而慢。

2. 肺缩小反射

是由于肺缩小时引起吸气兴奋的反射。当肺缩小时，不再刺激从气管到细支气管的平滑肌中的感受器→冲动经迷走神经传入延髓，通过一定的神经联系使呼气中枢抑制，吸气中枢兴奋→使肋间神经和膈神经兴奋→引起肋间肌和膈肌收缩，而引起吸气运动。肺缩小反射在平静呼吸调节中意义不大，但对阻止呼气过深和肺不张等可能起一定作用。

二、体液调节

血液中化学成分的改变，特别是 O_2、CO_2 和 H^+ 水平的变化，可刺激化学感受器，引起呼吸中枢活动的改变，从而调节呼吸的频率和深度，增加肺的通气量，维持着内环境这些因素的相对稳定。

（一）化学感受器

能感受血液中化学物质的感受器分为外周的化学感受器和中枢的化学感受器。

1. 外周的化学感受器

外周的化学感受器位于颈动脉窦处的颈动脉体、主动脉弓处的主动脉体（图 5 - 14），是调节呼吸和循环的重要外周化学感受器。颈动脉体主要调节呼吸，而主动脉体主要调节循环。

2. 中枢的化学感受器

中枢的化学感受器位于延髓腹外侧浅表部位，左、右对称（图 5 - 15 和图 5 - 16）。

（二）CO_2 增多、H^+ 浓度升高和缺 O_2 对呼吸的调节

1. CO_2 增多对呼吸的调节

当血液中 CO_2 浓度浓度适度增加时，呼吸加深加快，促进 CO_2 排出。当血液中 CO_2 浓度剧升使 CO_2 蓄积，则使呼吸中枢受到抑制，出现呼吸困难、昏迷等中枢征候。CO_2 增多对呼吸的调节是通过刺激中枢的化学感受器和刺激外周的化学感受器 2 条途径实现的，在 2 条途径中前者是主要的。

（1）刺激中枢的化学感受器 CO_2 增多时，CO_2 能通过血脑屏障，进入脑脊液。

在脑脊液：$CO_2 + H_2O \xrightarrow{\text{碳酸酐酶}} H_2CO_3 \longrightarrow HCO_3^- + H^+$

H^+ 刺激中枢的化学感受器，引起呼吸中枢兴奋，结果使呼吸加深、加快。

（2）刺激外周的化学感受器 CO_2 增多刺激刺激外周的化学感受器，冲动沿窦神经和迷走神经传入延髓呼吸中枢，引起呼吸中枢兴奋，结果使呼吸加深、加快。

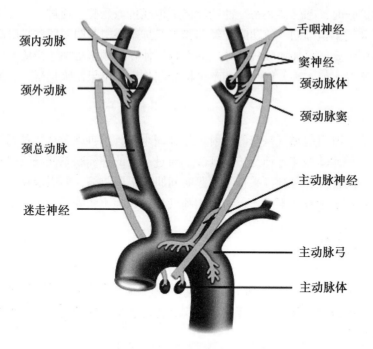

图 5 – 14　呼吸运动体液调节外周的化学感受器位置

2. H^+ 浓度升高对呼吸的调节

血液中 H^+ 浓度降低，呼吸受到抑制；H^+ 浓度增加，呼吸加深加快。H^+ 对呼吸的调节也是通过刺激中枢的化学感受器和刺激外周的化学感受器 2 条途径实现的，在 2 条途径中后者是主要的。中枢的化学感受对 H^+ 的敏感性较外周的高，约为外周的 25 倍。但 H^+ 不易透过血脑屏障，不易进入脑脊液，限制了它对中枢的化学感受器的作用。

（1）刺激中枢的化学感受器　当血液中 H^+ 浓度升高时，H^+ 不易透过血脑屏障，不易进入脑脊液。

在血液中：$H^+ + HCO_3^- \longrightarrow H_2CO_3 \longrightarrow CO_2 + H_2O$

CO_2 能通过血脑屏障，进入脑脊液。

在脑脊液：$CO_2 + H_2O \xrightarrow{\text{碳酸酐酶}} H_2CO_3 \longrightarrow HCO_3^- + H^+$

H^+ 刺激中枢的化学感受器，引起呼吸中枢兴奋，结果使呼吸加深、加快。

（2）刺激外周的化学感受器　H^+ 浓度升高刺激外周的化学感受器，冲动沿窦神经和迷走神经传入延髓呼吸中枢，使呼吸中枢兴奋，结果使呼吸加深、加快。

3. 缺 O_2 对呼吸的调节

血液中 O_2 降低时，在一定范围下降，可通过外周化学感受器，引起呼吸中枢兴奋，结果使呼吸加深、加快。缺 O_2 对延髓呼吸中枢具有直接抑制反应，当严重缺 O_2 时，外周化学感受器的兴奋呼吸作用不足以克服低 O_2 对中枢的抑制效应，将导致呼吸障碍，甚至呼吸停止。在低氧时如吸入纯氧，由于解除了对外周化学感受器的低氧刺激，会引起呼吸暂停。临床上给氧治疗时应予以注意。

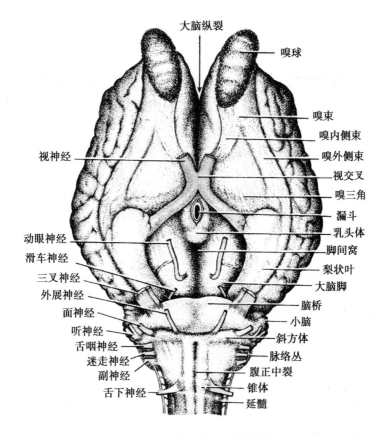

图 5 – 15 脑的构造（腹侧面）

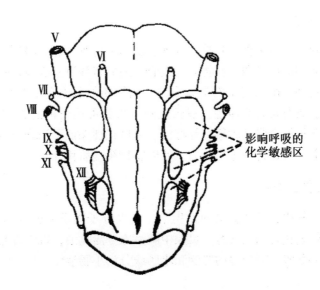

图 5 – 16 呼吸运动体液调节中枢的化学感受器位置

第六章　消化和吸收

第一节　消化生理概述

一、消化和吸收的概念

食物在消化管内由大分子的物质分解成小分子物质的过程，称为消化。被消化的产物、水分、无机盐和维生素透过消化管黏膜上皮细胞进入血液和淋巴液的过程，称为吸收。

二、消化方式

动物的消化方式有 3 种，分别为机械性消化、化学性消化和微生物消化。

（一）机械性消化

机械性消化是通过采食、咀嚼、吞咽、反刍和胃肠的运动将饲料磨碎、与消化液充分混合、促进内容物的后移和营养物质的吸收，最后将残渣排出体外的过程。

消化管的运动是由管壁肌肉来完成的。而胃肠的肌肉全部为平滑肌，具有兴奋性较低、收缩缓慢；具有自动节律性；展长性强，最长可达正常的 2～3 倍；持续的紧张性；对化学、温度和机械牵张刺激敏感等特性。这些特性保证了消化道可容纳比本身体积大好几倍的食物，并经常保持一定的压力，使内容物缓慢后移。

（二）化学性消化

食物在消化管内，在消化液的作用下，由大分子物质分解成小分子可吸收状态的过程，称为化学性消化。消化液有：口腔中唾液腺分泌唾液，胃中胃腺分泌胃液，小肠中的胰外分泌部分泌胰液，肝分泌的胆汁和小肠腺分泌小肠液。

（三）微生物消化

微生物消化又称生物性消化，食物在反刍动物的前胃和各种动物的大肠内，在微生物的作用下，由大分子物质分解成小分子物质的过程。这种消化方式是草食动物最主要的消化方式，反刍动物饲料中有 70% ~85% 的干物质和约 50% 的粗纤维需要经过瘤胃微生物消化，瘤胃是微生物消化的主要部位。

第二节　机械性消化

机械性消化包括采食、咀嚼、吞咽、胃肠运动和反刍。

一、采食

各种动物食性不同，采食方式也不同，牛主要依靠长而灵活的舌伸到口外，将饲草卷入口内，牛放牧只能吃长的牧草；猪靠吻突掘取草根，舍饲靠齿、舌和头部的特殊运动采食；羊靠舌和切齿采食，能啃咬短的牧草。

二、咀嚼

咀嚼是在齿、舌、颊、唇和各相关肌肉协同作用所引起的。咀嚼的作用如下。
①粉碎饲料，破坏细胞的纤维膜，增大饲料与消化液的接触面积，有利于化学性消化。
②使粉碎后的饲料与唾液混合，形成食团便于吞咽。
③咀嚼能反射地引起消化腺的分泌和消化管的运动。

三、吞咽

将食团从口腔送入胃的动作称为吞咽。吞咽是一种复杂的反射性动作，吞咽过程可分为 3 期。分别为口腔期、咽期和食道期（图 6 -1）。

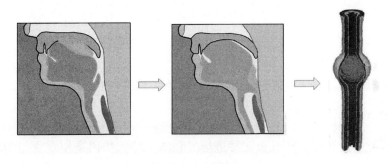

图 6 -1　吞咽过程

（一）口腔期

食物由口腔到咽，食团聚积在舌的背侧，由于舌和颊的运动，使舌紧贴硬腭，压迫食团向后移送到咽部。

（二）咽期

食物由咽到食管前段。食团在咽部刺激咽部的感受器，通过传入神经（Ⅴ、Ⅸ、Ⅹ对脑神经）传到吞咽中枢（延髓），通过传出神经（Ⅴ、Ⅸ、Ⅻ对脑神经）到达效应器，结果使软腭上提，会厌软骨翻转，呼吸停止，咽肌收缩把食团送入食管。

（三）食管期

食物由食管前段到胃，经过原发性蠕动和继发性蠕动2个反射完成。

1. 原发性蠕动

食团在咽部刺激咽部的感受器，通过传入神经（Ⅴ、Ⅸ、Ⅹ对脑神经）传到吞咽中枢（延髓），通过传出神经（迷走神经）到达效应器，结果使食管蠕动，食团进入胃。

2. 继发性蠕动

食团在食管前部刺激食管壁的感受器，通过传入神经（迷走神经）传到吞咽中枢（延髓），通过传出神经（迷走神经）到达效应器，结果使食管蠕动，食团进入胃。

四、单室胃的运动

单室胃的运动包括容受性舒张、紧张性收缩和蠕动。

（一）容受性舒张

容受性舒张又称容纳性舒张。当咀嚼、吞咽食物时，刺激咽和食管处的感受器，通过迷走神经反射性地引起胃底部和胃体部肌肉舒张，使胃的容积增大。作用是储存大量食物。

（二）紧张性收缩

进食不久，整个胃壁开始持续长时间的、缓慢的、紧张性收缩。作用是使胃液渗入食物，推动食糜进入十二指肠。食糜是食物通过胃的运动及胃液作用初步消化形成的产物。

（三）蠕动

蠕动是胃壁平滑肌收缩和舒张交替进行（图6-2）。作用是使食物与消化液充分混合，搅拌磨碎食物，推动食糜进入十二指肠。食糜随胃的运动分批通过幽门排入十二指肠的过程称为胃的排空。

图6-2　单室胃的蠕动

五、小肠的运动

小肠的运动形式包括节律性分节运动、钟摆运动、蠕动和逆蠕动。

(一) 节律性分节运动

节律性分节运动是以环行肌收缩和舒张为主的运动。某一段肠管，环行肌在多点同时收缩，将食糜分成许多节段，随后收缩处舒张，舒张处收缩，形成新的节段，反复进行（图6-3和图6-4）。作用是使食糜与消化液充分混合，有利于化学性消化，使食糜与肠壁紧密接触，有利于吸收，有利于血液和淋巴液的回流。

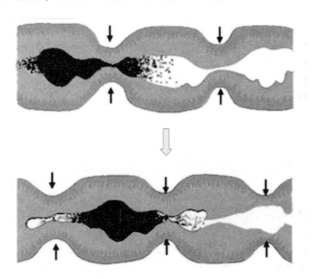

图6-3　小肠节律性分节运动

(二) 钟摆运动

钟摆运动是以纵行肌节律性收缩和舒张为主的运动。当食糜进入某一段肠管时，这一段肠管的纵行肌一侧收缩，对侧舒张，使肠管左右摆动。作用是使食糜与消化液充分混合，有利于化学性消化。

图 6 – 4　家兔小肠的节律性分节运动

（三）　蠕动和逆蠕动

蠕动和逆蠕动以环行肌和纵行肌协调作用的结果，蠕动形成由前向后的收缩波，作用是将食糜向后段推进。逆蠕动形成由后向前的收缩波，作用是使食糜充分消化和吸收。

小肠运动形成小肠音，小肠音呈小河流水声或含漱音。

六、大肠的运动

大肠的运动形式包括袋状往返运动、推进性分节运动、蠕动和逆蠕动、集团蠕动。

（一）　袋状往返运动

袋状往返运动一般是指空腹时，由环行肌无规律地收缩所引起的，作用有利于肠腔水的吸收。

（二）　推进性分节运动

推进性分节运动是受到刺激时，使一个结肠袋或一段结肠收缩，将结肠内容物向前推进。

（三）　蠕动和逆蠕动

蠕动和逆蠕动是以环行肌和纵行肌协调作用的结果，蠕动形成由前向后的收缩波，逆蠕动形成由后向前的收缩波。与小肠比较速度慢、强度弱，作用有利于剩余营养物质和水的吸收。

（四）　集团蠕动

集团蠕动是大肠中一种移行速度快、传播远的强烈蠕动。常见于进食后，食糜刺激了胃壁或食糜由胃进入十二指肠所引起的十二指肠 – 结肠的反射活动。

大肠运动形成大肠音，大肠音呈远处雷鸣音或远炮音。

七、反刍

（一）反刍

反刍是指反刍动物在采食时，不经充分咀嚼就匆匆咽下，食物进入瘤胃内，经过浸泡和软化，休息时又将食物逆呕回口腔，再咀嚼、再混唾液、再吞咽的过程。每天 6～8 次，采食后 30～60min 进行，每次反刍 40～50min。

（二）反刍的生理意义

①充分咀嚼。

②混合唾液。

③中和瘤胃微生物消化时产生的有机酸。

④排出瘤胃微生物消化时产生的气体。

八、反刍动物胃的运动

反刍动物胃包括瘤胃、网胃、瓣胃和皱胃（图 6 – 5），瘤胃、网胃和瓣胃称前胃。皱胃的消化同单室胃，主要讲述前胃的运动。前胃的运动相互配合，相互制约。

图 6 – 5　羊胃的形态

（一）网胃的运动

前胃的运动起始于网胃的双相收缩，在内容物的刺激下，网胃发生 2 次不同类型的收缩，第 1 次先收缩一半就舒张，接着进行第 2 次完全收缩，随着网胃的收缩，一部分食糜分别进入瘤胃前庭和瓣胃，由此引发瘤胃和瓣胃收缩。第 2 次强有力收缩，如牛采食铁钉等坚硬的异物，可造成创伤性网胃炎，严重时造成创伤性网胃心包炎。

（二）瘤胃的运动

瘤胃的运动形式有 2 种收缩。一种是在网胃第 1 次收缩以后即开始，一直持续到网胃第 2 次收缩之后的运动，这是一种与网胃收缩直接有关的联合收缩，这种收缩波称为 A 波。A 波从瘤胃前庭开始，向上并沿背囊向后向下转至腹囊，而后再经腹囊向前并向上回到前庭，食物随运动方向移动并混合。此时，网胃又舒张，一部分经过瘤胃消化的内容物进入网胃，再次刺激网胃壁引起又一轮收缩。另一种收缩波称 B 波，它的产生与网胃收缩无直接关系，而是瘤胃运动的附加波，其作用与嗳气密切相关。B 波的运动方向与 A 波相反，开始于后腹盲囊，向上经后背盲囊，前背盲囊，最后到达主腹囊（图 6-6）。

瓣胃运动也起始于网胃收缩。瓣胃的运动比较缓慢，但强有力。

A波　　　　　　　　　　　　　B波

图 6-6　牛瘤胃的运动形式

第三节　化学性消化

化学性消化包括口腔、单室胃（皱胃同单室胃）和小肠的化学性消化。

一、口腔的化学性消化

口腔的化学性消化是通过唾液的作用，唾液是由唾液腺（图 6-7）分泌的。

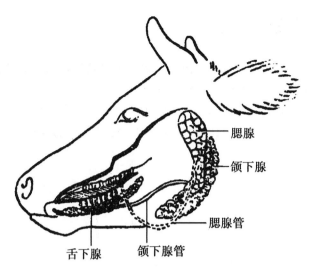

图6-7 牛的唾液腺

（一）唾液的性状

唾液为无色透明的黏性液体，呈弱碱性，反刍动物 pH 值为 8.1，猪 pH 值为 7.32，马 pH 值为 7.56。

（二）唾液的成分

唾液由水分（占99%）及少量无机物和有机物组成。有机物主要有黏蛋白、唾液淀粉酶（猪）和溶菌酶。无机物有钾、钠、钙、镁的氯化物、磷酸盐和碳酸氢盐。

（三）唾液的生理功能

①水分能湿润和软化饲料，有利于咀嚼。

②水分可以清洗口腔中的细菌和食物残渣，对口腔起清洁保护作用。

③水分可以溶解饲料中可溶性物质，刺激舌的味觉感受器，引起食欲，促进各种消化腺分泌。

④黏蛋白使咀嚼后的食物形成食团，有利于吞咽。

⑤溶菌酶具有杀菌作用（如犬有舔舐伤口习惯）。

⑥唾液呈碱性，可中和瘤胃中的有机酸，有利于微生物的发酵。

⑦唾液中含有唾液淀粉酶。

淀粉 $\xrightarrow{\text{唾液淀粉酶}}$ 糊精、麦芽糖

⑧鸡、犬、水牛等汗腺不发达的动物炎热夏天可分泌大量稀薄的唾液有利于散热。

二、单室胃的化学性消化

单室胃的化学性消化是通过胃液的作用，胃液是胃腺分泌的。胃黏膜分为有腺区和无腺区，无腺区分为贲门腺区、幽门腺区和胃底腺区（图6-8），贲门腺区和幽门腺区均分泌黏蛋白，胃底腺是分支的管状腺，有4种细胞，分别为颈黏液细胞、主细胞、壁细胞和银亲和细胞（图6-9）。主细胞分泌胃蛋白酶原，壁细胞分泌盐酸，颈黏液细胞分泌黏蛋白。

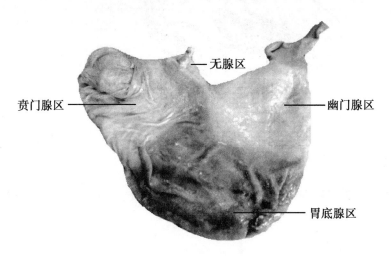

图6-8　猪的胃黏膜

（一）胃液的性状

胃液为无色透明的带有黏丝性的液体，呈酸性，pH值为0.9~1.5。

（二）胃液的成分

胃液成分由水分、无机物和有机物组成。有机物主要有黏蛋白、胃蛋白酶原、胃凝乳酶原（幼龄动物）和内因子。无机物有盐酸和钾、钠的氯化物。

（三）胃液的作用

1. 黏蛋白

黏蛋白有保护胃黏膜的作用，防止机械性损伤和盐酸及胃蛋白酶的腐蚀。

2. 胃蛋白酶原

胃蛋白酶原在盐酸的作用下激活，转变成胃蛋白酶。

$$蛋白质 \xrightarrow{\text{胃蛋白酶}} 蛋白胨、蛋白胨$$

3. 胃凝乳酶原

胃凝乳酶原在盐酸作用下激活，胃凝乳酶使乳汁中可溶性的酪蛋白原变成酪蛋白，酪

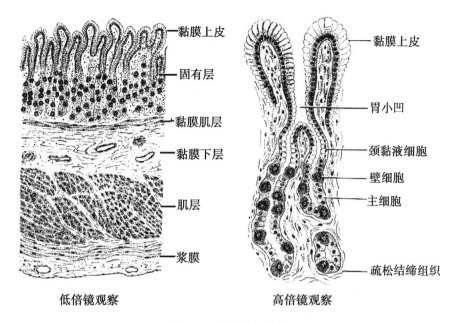

低倍镜观察　　　　　　　高倍镜观察

图 6 - 9　胃的组织结构

蛋白与 Ca^{2+} 结合成酪蛋白钙，使乳汁凝固，延长乳汁在胃内的停留时间，有利于蛋白质的消化。即：

$$酪蛋白原 \xrightarrow{\text{胃凝乳酶}} 酪蛋白 + Ca^{2+} \longrightarrow 酪蛋白钙$$

4. 内因子

内因子能与食物中维生素 B_{12} 结合成复合物，通过回肠黏膜受体将维生素 B_{12} 吸收。

5. 盐酸

盐酸一部分与黏液中的有机物结合称为结合酸，大部分未被结合的部分，称为游离酸。盐酸的作用如下。

①激活胃蛋白酶原。

②为胃蛋白酶提供适宜的酸性环境，pH 值为 2 的强酸条件下胃蛋白酶活性最强。

③使蛋白质膨胀变性，有利于蛋白质的消化。

④有一定的杀菌作用，因为盐酸具有腐蚀性。

⑤进入小肠后促进胰液、胆汁的分泌和胆囊的收缩。

⑥促进铁、钙的吸收。Fe^{3+} 不被吸收，在盐酸作用下变成 Fe^{2+}，Fe^{2+} 能被吸收；沉淀盐不被吸收，沉淀盐在盐酸作用下变成可溶性盐才能被吸收。

三、小肠的化学性消化

小肠的化学性消化是通过胰液、胆汁和小肠液的作用。

（一）胰液

胰液是胰岛分泌的，通过胰管分泌到十二指肠。

1. 胰液的性状

胰液的性状是无色透明的碱性液体，pH 值为 7.8～8.4，渗透压与血液大体相等。

2. 胰液的成分

胰液的成分由水分、无机物和有机物组成。有机物含多种消化酶，包括胰蛋白分解酶类（胰蛋白酶原、糜蛋白酶原和羧肽酶原）、胰脂肪酶原、胰淀粉酶原和少量的胰双糖酶，还有胰核酸酶（包括核糖核酸酶和脱氧核糖核酸酶）。无机物为无机盐类，主要为碳酸氢盐和少量氯化物。

3. 胰液的作用

（1）胰蛋白分解酶类　胰蛋白酶原在肠激酶或自身催化的作用下激活，糜蛋白酶原、羧肽酶原在胰蛋白酶的作用下激活。

$$蛋白质 \xrightarrow[\text{糜蛋白酶}]{\text{胰蛋白酶}} 多肽 \xrightarrow{\text{羧肽酶}} 氨基酸$$

（2）胰脂肪酶原　胰脂肪酶原在盐酸的作用下激活。

$$脂肪 \xrightarrow{\text{胰脂肪酶}} 甘油 + 脂肪酸$$

（3）胰淀粉酶原和胰双糖酶　胰淀粉酶原在氯离子和其他离子的作用下激活。

$$淀粉 \xrightarrow{\text{胰淀粉酶}} 双糖 \xrightarrow{\text{胰双糖酶}} 单糖$$

（4）胰核酸酶　核糖核酸酶和脱氧核糖核酸酶。

$$核糖核酸 \xrightarrow{\text{核糖核酸酶}} 单核苷酸$$

$$脱氧核糖核酸 \xrightarrow{\text{脱氧核糖核酸酶}} 单核苷酸$$

（5）碳酸氢盐　中和进入小肠的胃酸，使肠黏膜免受强酸的腐蚀；为多种消化酶提供最适宜的弱碱性环境，pH 值为 7～8 的弱碱性条件下小肠内各种消化酶的活性最强。

（二）胆汁

胆汁由肝细胞分泌，经胆总管（或肝管）进入十二指肠。

1. 胆汁的性状

胆汁是一种黏稠具有苦味黄绿色弱碱性液体，pH 值为 6.8～7.8，胆汁的颜色有明显的种别特点，主要取决于胆色素的种类和浓度。人和食肉动物，以胆红素为主，一般呈红褐色，草食动物则以胆绿素为主，一般呈暗绿色，猪一般呈橙黄色。

2. 胆汁的成分

胆汁由水分、无机物和有机物组成。有机物主要包括胆酸及胆酸盐、胆固醇、胆色素、卵磷脂和脂肪酸。胆酸及胆酸盐称胆汁酸。无机物为无机盐类。

3. 胆汁的生理功能

胆汁的生理功能主要是通过胆汁酸实现的。

①促进脂肪的消化、吸收。胆汁酸是胰脂肪酶的激活剂，能增强胰脂肪酶的活性；胆

汁中的胆汁酸、胆固醇以及卵磷脂都是脂肪的高效乳化剂，使脂肪乳化成微滴，增大与脂肪酶的接触面，有利于脂肪的消化；脂肪的分解产物脂肪酸与胆汁酸结合可形成水溶性复合物，促进脂肪酸的吸收。

②促进脂溶性维生素（维生素 A、维生素 D、维生素 E、维生素 K）的吸收。

③中和进入十二指肠中的部分胃酸。

④刺激小肠的运动。

⑤参与某些代谢产物的排泄，如一些药物、胆红素等都可经胆汁排出。

⑥调节胆固醇代谢：胆汁酸参与胆固醇的合成、排泄及胆汁酸形成等过程的调节。

当胆汁中的胆酸盐降低，胆固醇析出，与胆色素、Ca^{2+} 等电解质一起沉积在胆囊和胆管中形成胆结石（牛黄）。

（三）小肠液

小肠内有十二指肠腺和小肠腺（图 6 – 10），小肠液是各种腺体的混合分泌物。

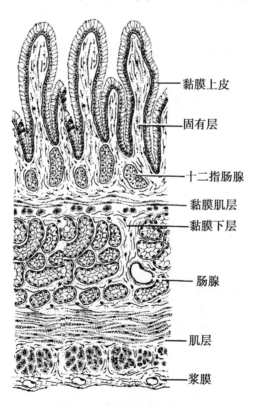

黏膜上皮

固有层

十二指肠腺

黏膜肌层

黏膜下层

肠腺

肌层

浆膜

图 6 – 10　小肠的组织结构

1. 小肠液的性状

小肠液是一种无色或灰黄色的混浊弱碱性液体，pH 值为 7.6。

2. 小肠液的成分

小肠液的成分中有水分、无机物和有机物。有机物主要包括黏蛋白和各种消化酶，有肠激酶、肠肽酶、肠脂肪酶和肠双糖酶。无机物为碳酸氢盐和氯化物。此外，还有脱落的上皮细胞。

3. 小肠液的作用

（1）黏蛋白　有保护肠黏膜的作用，防止机械性损伤和盐酸及各种消化酶的腐蚀。

（2）肠激酶　激活胰蛋白酶原。

（3）肠肽酶　多肽 $\xrightarrow{\text{肠肽酶}}$ 氨基酸

（4）肠脂肪酶　脂肪 $\xrightarrow{\text{肠脂肪酶}}$ 甘油 + 脂肪酸

（5）肠双糖酶　双糖 $\xrightarrow{\text{肠双糖酶}}$ 单糖

（6）碳酸氢盐　中和进入小肠的胃酸，使肠黏膜免受强酸的腐蚀，为多种消化酶提供最适宜的弱碱性环境。

第四节　微生物消化

微生物消化包括反刍动物前胃的微生物消化和各种动物大肠的微生物消化。

一、反刍动物前胃的微生物消化

微生物消化是草食动物最主要的消化方式。瘤胃占整个胃的 80%，反刍动物饲料中有 70% ~85% 的干物质和约 50% 的粗纤维需要经过瘤胃微生物分解，瘤胃是反刍动物微生物消化的主要部位。

（一）瘤胃内环境

瘤胃适合微生物的生存和繁殖，为微生物提供了适宜的营养条件和环境条件。

①瘤胃中有充足的营养和水分。

②渗透压维持于接近血浆渗透压。

③pH 值适中，一般变动在 5.5 ~7.5。

④温度适宜，大约维持在 39 ~41℃。

⑤高度的厌氧环境。

（二）瘤胃内微生物

瘤胃微生物种类繁多，主要包括细菌、原虫和真菌。细菌是瘤胃微生物中最为重要的部分，不仅数量大，种类也多。原虫主要是纤毛虫和鞭毛虫，后者数量较少。1ml 瘤胃内容物纤毛虫数量可达 10^6 个，细菌为 10^{10} 个。

（三）瘤胃中营养物质的消化和利用

1. 糖的消化和利用

（1）糖的消化　微生物能将饲料中纤维素、果聚糖、戊聚糖、半纤维素、淀粉、果胶物质、蔗糖、葡萄糖以及其他多糖醛酸苷等糖进行发酵。发酵速度可溶性糖最快，淀粉次之，纤维素和半纤维素最慢。它们的消化过程可归纳如下。

VFA 代表挥发性脂肪酸，主要有乙酸、丙酸和丁酸。即：

$$多糖 \rightarrow 双糖 \rightarrow 葡萄糖 \rightarrow \begin{cases} 乳酸 \\ 丙酮酸 \end{cases} \rightarrow VFA \rightarrow CH_4 + CO_2$$

（2）糖的利用　瘤胃中糖发酵的终产物中，乙酸、丙酸和丁酸比例大体为 70∶20∶10。但随饲料种类而发生显著变化。瘤胃 VFA 是反刍动物最主要的能量来源，牛瘤胃一昼夜所产生的 VFA 可占机体所需能量的 60%～70%。

VFA 约有 88% 通过盐类形式吸收。正常情况下，乙酸、丁酸通过三羧酸循环而代谢，彻底氧化供给机体能量，不增加糖原的储备。在泌乳期乙酸、丁酸是合成乳脂肪的原料。丙酸在血液中合成葡萄糖，约占血糖的 50%～60%。

（3）微生物糖原的合成和利用　瘤胃微生物吸收糖发酵产生的单糖合成自身的多糖，并储存体内。待微生物随食物进入皱胃时，被盐酸杀死释放出多糖，多糖随食糜进入小肠后，经化学性消化分解为单糖，被小肠吸收，成为反刍动物机体葡萄糖来源之一。泌乳的牛吸收的葡萄糖约 60% 用于合成牛乳。

2. 蛋白质的消化和利用

（1）蛋白质的消化　饲料中 50%～70% 蛋白质都被微生物分解为氨。

$$蛋白质 \xrightarrow{\text{蛋白分解酶}} 氨基酸 \xrightarrow{\text{脱氨基酶}} NH_3 + CO_2 + 有机酸$$

饲料中的一些非蛋白氮物如：铵盐、尿素以及酰胺等，被微生物分解后也产生氨。

（2）微生物蛋白的合成和利用　瘤胃微生物直接吸收氨基酸合成自身的蛋白质，或吸收氨合成氨基酸再合成蛋白质，并储存体内。待微生物随食物进入皱胃时，被盐酸杀死释放出蛋白质，经化学性消化分解为氨基酸，被小肠吸收。

在畜牧业生产中，可利用尿素来代替日粮中约 30% 的蛋白质。因为尿素在脲酶的作用下，产生氨的速度约为微生物利用氨的速度的 4 倍，故必须通过抑制脲酶活性，制成胶凝淀粉尿素或尿素衍生物使其释放氨的速度延缓，并在日粮中供给易消化糖类，使微生物合成蛋白质时能获得充分能量，才能提高尿素的利用率和安全性。

（3）尿素再循环　瘤胃中的尿素在微生物脲酶的作用下分解成 NH_3，一部分 NH_3 被胃黏膜吸收→经血液循环→到肝→通过鸟氨酸循环形成尿素→经血液循环→一部分随唾液重新进入瘤胃；一部分通过瘤胃壁弥散到瘤胃；剩余随尿排除。进入瘤胃的尿素，经微生物脲酶的作用下，被分解成 NH_3，再次被微生物利用，这一过程称为尿素再循环（图 6 - 11）。

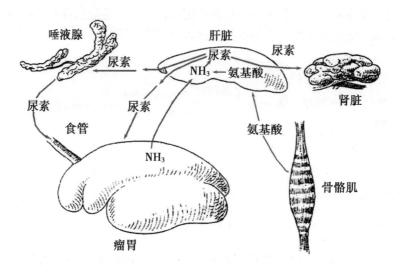

图 6 - 11　反刍动物尿素再循环

3. 脂类的消化和利用

饲料中的甘油三酯和磷脂被瘤胃微生物分解，生成甘油和脂肪酸，其中甘油多半转变成丙酸，而脂肪酸的最大变化是不饱和脂肪酸在微生物作用下加水氢化转变成饱和脂肪酸。丙酸和饱和脂肪酸是体脂和乳脂的主要原料。

4. 维生素的合成

瘤胃微生物能合成多种维生素，主要包括：维生素 B 族的硫胺素、核黄素、尼克酸、泛酸、吡哆酸，生物素以及维生素 K。所以一般情况下，即使日粮中缺乏这些维生素，也不影响反刍动物的健康。然而瘤胃微生物不能合成维生素 A、维生素 D、维生素 E，故必须由日粮补充。

5. 嗳气

采食后牛瘤胃产气量可达 25～35 L/h，瘤胃中最主要的气体是 CO_2 和 CH_4，分别约占总量的 70% 和 30%。此外，还有微量 N_2、O_2、H_2S 等，主要通过嗳气排出。

嗳气是反刍动物特有的生理现象。瘤胃内微生物发酵产生的气体刺激瘤胃胃壁，反射性地通过食管向外排出的过程称为嗳气。17～20 次/h，如嗳气停止，则会引起瘤胃臌气。

二、大肠的微生物消化

（一）草食动物大肠的微生物消化

草食动物大肠的微生物消化特别重要，尤其是马属动物，食糜在大肠中的停留时间可达 12 h，食糜中 40% ~50% 的纤维素，39% 蛋白质，24% 糖在大肠进行微生物消化。牛有 15% ~20% 纤维素需在大肠进行微生物消化。大肠微生物还可合成维生素 B 族和维生素 K。

（二）杂食动物大肠的微生物消化

猪大肠内具备草食动物相似的微生物繁殖条件。猪饲喂植物性饲料的条件下，微生物作用就很重要。

综合第二节和第三节所述，将猪和牛对三大营养物质的消化总结如下。

1. 猪对三大营养物质的消化

（1）口腔、胃和小肠内的化学性消化

$$蛋白质 \xrightarrow[\text{胰蛋白酶 糜蛋白酶}]{\text{胃蛋白酶}} 多肽 \xrightarrow[\text{肠肽酶}]{\text{羧肽酶}} 氨基酸$$

$$脂肪 \xrightarrow[\text{肠脂肪酶}]{\text{胰脂肪酶}} 甘油 + 脂肪酸$$

$$淀粉 \xrightarrow[\text{唾液淀粉酶}]{\text{胰淀粉酶}} 双糖 \xrightarrow[\text{肠双糖酶}]{\text{胰双糖酶}} 葡萄糖$$

（2）大肠内的微生物消化

$$蛋白质 \xrightarrow{\text{蛋白质分解酶}} 氨基酸 \xrightarrow{\text{脱氨基酶}} NH_3 + CO_2 + 有机酸$$

$$非蛋白含氮物（尿素、铵盐、酰胺）\longrightarrow NH_3$$

$$多糖 \rightarrow 双糖 \rightarrow 葡萄糖 \rightarrow \begin{cases} 乳酸 \\ 丙酮酸 \end{cases} \rightarrow VFA \rightarrow CH_4 + CO_2$$

2. 牛对三大营养物质的消化

（1）口腔、真胃、小肠内的化学性消化

$$蛋白质 \xrightarrow[\text{胰蛋白酶 糜蛋白酶}]{\text{胃蛋白酶}} 多肽 \xrightarrow[\text{肠肽酶}]{\text{羧肽酶}} 氨基酸$$

$$脂肪 \xrightarrow[\text{肠脂肪酶}]{\text{胰脂肪酶}} 甘油 + 脂肪酸$$

$$淀粉 \xrightarrow{\text{胰淀粉酶}} 双糖 \xrightarrow[\text{肠双糖酶}]{\text{胰双糖酶}} 葡萄糖$$

（2）前胃的微生物性消化

$$蛋白质 \xrightarrow{\text{蛋白质分解酶}} 氨基酸 \xrightarrow{\text{脱氨基酶}} NH_3 + CO_2 + 有机酸$$

$$非蛋白含氮物（尿素、铵盐、酰胺）\longrightarrow NH_3$$

$$脂肪 \longrightarrow \begin{cases} 甘油 \longrightarrow 丙酸 \\ 脂肪酸 \longrightarrow 饱和脂肪酸 \end{cases}$$

$$多糖 \rightarrow 双糖 \rightarrow 葡萄糖 \rightarrow \begin{cases} 乳酸 \\ 丙酮酸 \end{cases} \rightarrow VFA \rightarrow CH_4 + CO_2$$

（3）大肠的微生物性消化

$$多糖 \rightarrow 双糖 \rightarrow 葡萄糖 \rightarrow \begin{cases} 乳酸 \\ 丙酮酸 \end{cases} \rightarrow VFA \rightarrow CH_4 + CO_2$$

第五节 吸 收

一、吸收部位

消化管的不同部位，对物质的吸收程度是不同的。主要取决于该部位消化管的组织结构、食物的消化程度及食物在该部位停留的时间。

（一）消化管各部位的吸收

①口腔和食管不能吸收。
②单室胃只吸收少量水和醇类。
③小肠可吸收大量营养物质和水。
④大肠吸收水、无机盐和大量挥发性脂肪酸。
⑤反刍动物前胃吸收大量挥发性脂肪酸，皱胃与单室胃相同。
⑥小肠是吸收的主要部位，吸收大量物质。

（二）小肠是吸收的主要部位

①小肠具有吸收的结构。小肠肠管长、黏膜形成许多皱褶，有大量小肠绒毛，黏膜上皮细胞表面有微绒毛，扩大吸收面积。
②食物在小肠内大部分被消化成可吸收状态。
③食物在小肠内停留时间长，可停留 3~8h。
④小肠绒毛有丰富的毛细血管和毛细淋巴管。
⑤小肠运动和绒毛、微绒毛节律性伸缩及摆动，可加速血液和淋巴液回流。

二、吸收途径和吸收方式

（一）吸收途径

吸收途径包括跨膜途径和旁细胞途径（图 6-12）。
1. 跨膜途径
营养物质通过微绒毛的腔面膜进入胞内，而后经细胞底膜和侧膜进入血液和淋巴。
2. 旁细胞途径
营养物质和水通过细胞间的紧密连接，经细胞间隙进入血液和淋巴。

（二）吸收方式

吸收的主要机制可分为被动转运和主动转运两大类。

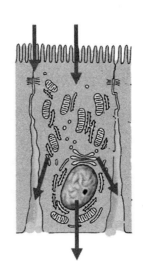

图 6 - 12　吸收途径

三、各种物质的吸收

(一) 糖分解产物的吸收

糖类被分解成单糖（葡萄糖、果糖和半乳糖），吸收部位在小肠，吸收方式是继发性主动转运（图 6 -13）。肠黏膜上皮细胞的基底膜上有 $Na^+ - K^+$ 泵，不断将细胞内的 Na^+ 转运入血液，维持肠腔内 Na^+ 浓度高于细胞内的状态，靠电势能使肠腔内的 Na^+ 和葡萄糖通过继发性主动转运进入细胞内。当细胞内葡萄糖高于血液时，基底膜通过易化扩散的载体蛋白再将葡萄糖转运进入血液。

(二) 挥发性脂肪酸的吸收

VFA 在瘤胃和大肠吸收，吸收方式是简单扩散。瘤胃中 VFA 以未解离的分子状态和离子状态 2 种形式存在，分子状态的 VFA 吸收速度较离子状态的快，而且分子量越小吸收速度越慢，即乙酸＜丙酸＜丁酸。吸收后进入血液。

(三) 蛋白质分解产物的吸收

蛋白质大部分被分解成二肽、三肽的形式吸收，少数以氨基酸吸收，吸收部位在小肠，吸收方式是继发性主动转运（图 6 -14）。肠黏膜上皮细胞的基底膜上有 $Na^+ - K^+$ 泵，不断将细胞内的 Na^+ 转运入血液，维持肠腔内 Na^+ 浓度高于细胞内的状态，靠电势能使肠腔内的 Na^+ 和肽、氨基酸通过继发性主动转运进入细胞内。二肽、三肽在细胞内分解成氨基酸，基底膜通过易化扩散的载体蛋白再将氨基酸转运进入血液。

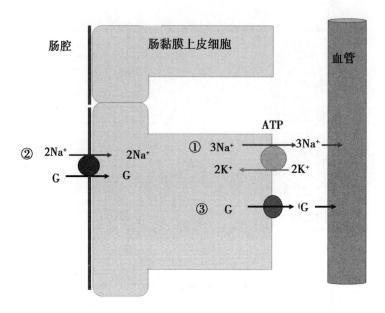

图6-13 葡萄糖的吸收

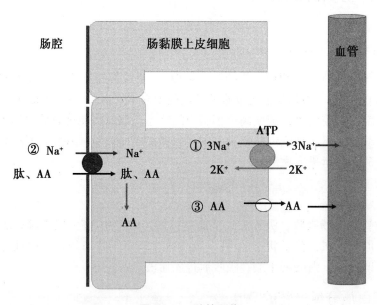

图6-14 肽的吸收

（四）脂肪分解产物的吸收

脂肪被分解成甘油、脂肪酸和甘油一酯，吸收部位在小肠。甘油和中、短链脂肪酸通过简单扩散进入血液。长链脂肪酸、甘油一酯与胆盐结合形成水溶性复合物，聚合成混合微胶粒，到达绒毛表面，脂肪酸、甘油一酯释放出来，经微绒毛简单扩散进入细胞。脂肪酸、甘油一酯在滑面内质网中合成甘油三酯，并于载脂蛋白结合形成乳糜微粒，经高尔基复合体包装成分泌颗粒，从基底膜通过出泡进入淋巴管（图 6 – 15）。

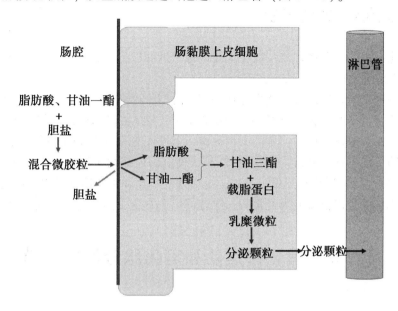

图 6 – 15　脂肪酸和甘油一脂的吸收

（五）水的吸收

水通过简单扩散进入血液。肠腔内的渗透压小于肠壁毛细血管内的渗透压时，水被吸收。吸收的主要部位牛和猪在小肠，马在大肠。

（六）无机盐的吸收

无机阳离子的吸收主要是主动转运，无机阴离子的吸收主要是被动转运。吸收的主要部位在小肠。吸收具有选择性，单价盐容易吸收，吸收数量多；二价盐吸收慢，吸收数量少；与 Ca^{2+} 结合生成沉淀的盐，不吸收。

（七）维生素的吸收

维生素的吸收主要部位在小肠。

1. 脂溶性维生素的吸收

脂溶性维生素包括维生素 A、维生素 D、维生素 E 和维生素 K 等，维生素 A 是主动转运。而维生素维生素 D、维生素 E 和维生素 K 则通过被动扩散吸收。

2. 水溶性维生素的吸收

水溶性维生素包括维生素 C 和维生素 B 族。维生素 C、硫胺素（维生素 B_1）、核黄素（维生素 B_2）、尼克酸、生物素等的吸收是主动转运，吡哆醇（维生素 B_6）的吸收则是一种单纯扩散过程。

四、粪便的形成和排粪

经过消化吸收后的食物残渣一般在大肠内停留 10h 以上，其中大部分水分被吸收，其余则经细菌发酵和腐败作用后形成粪便。

排便是一种反射动作，直肠壁内存在许多感受器，当粪便聚集一定量时，刺激直肠壁的压力感受器→盆神经、腹下神经→低级排粪中枢（腰荐部脊髓），上传到大脑皮层，排粪条件允许时，大脑发出冲动，排粪中枢兴奋→盆神经兴奋（是副交感神经），使结肠后段、直肠收缩；腹下神经兴奋（是交感神经），使肛门内括约肌舒张；阴部神经抑制（是躯体神经），使肛门外括约肌舒张→排粪。排粪条件不允许时，抑制排粪，但是暂时的。

当腰荐部脊髓受损伤造成粪便蓄积，腰荐部以上脊髓受损伤造成排粪失禁。

第六节　消化管运动和消化腺分泌的调节

一、神经调节

（一）中枢

1. 高级中枢

高级中枢在大脑皮质边缘叶。

2. 基本中枢

（1）食欲中枢　分为摄食中枢和饱中枢，位于丘脑下部。

（2）吞咽中枢　位于延髓。

（3）胃肠运动中枢　位于延髓。

3. 低级中枢

排粪中枢位于腰荐部脊髓。

（二）神经

支配消化管运动和消化腺分泌的神经是植物性神经，包括交感神经和副交感神经，双重支配，作用相反。

1. 交感神经

如内脏大神经兴奋，兴奋使胃肠平滑肌舒张，运动减慢，腺体分泌减少。

2. 副交感神经

如迷走神经兴奋，兴奋使胃肠平滑肌收缩，运动加快，腺体分泌增多。

二、体液调节

1. 促胃液素

促胃液素又叫胃泌素，促进胃酸分泌，胃窦收缩，消化道黏膜生长。

2. 促胰液素

促胰液素又叫胰泌素，促进胰腺分泌 HCO_3^-，促进胆汁分泌，抑制胃酸分泌。

3. 促胰酶素

促胰酶素又叫胆囊收缩素，促进胰酶分泌，促进胆囊收缩，抑制胃排空。

4. 肠抑胃肽

肠抑胃肽抑制胃酸分泌，引起胰岛素释放 。

5. 胃动素

胃动素促进消化期间胃肠的运动。

6. 生长抑素

生长抑素抑制胃液、胰液分泌，抑制多种胃、肠、胰激素释放。

7. 肾上腺素

肾上腺素抑制胃肠的运动和消化腺的分泌。

第七章 泌 尿

机体将血液中的物质代谢产物和机体不需要或过多的物质排出体外的过程称为排泄。机体有排泄功能的器官主要有以下几个。

1. 肺

肺排出二氧化碳和少量水。

2. 皮肤

皮肤排出少量水、氯化钠和尿素。

3. 消化道

消化道排出胆红素，来自血液的钙、镁和铁。

4. 肾

肾排出大量代谢产物、异物和药物。肾除排泄功能外，还具有调节酸碱平衡，稳定内环境和内分泌等功能。

第一节 尿的理化性质

尿的理化性质反映了机体代谢活动的变化和肾生理活动的状况。在正常生理状态下，尿的理化性质相对稳定。当机体代谢活动和肾生理活动发生异常时，尿的理化性质也会发生改变。

一、尿的物理性质

（一）尿量

尿量与饮水量、食物的含水量、肾的功能以及代谢活动有关。一昼夜的排尿量为：猪 2~5L，牛 6~12L，羊 0.5~2L，马 3~6L。尿量的增多与减少有生理性和病理性 2 种情况：生理性尿量的增多与减少主要与水分的摄入量及其他途径排水量有关（如大量出汗）；病理性的尿量增多常见于糖尿病、尿崩症及慢性肾炎等，病理性尿量减少多见于脱水、肾功能衰竭和尿毒症等。

（二）尿的颜色和透明度

尿的颜色因家畜种类、食物、饮水量、出汗和使役等条件的不同而异。草食动物尿为淡黄色，猪尿色淡如水样。一般家畜的尿刚排出时是透明无沉淀的清亮液体，但马属动物的尿混浊而黏稠，若静止片刻则有沉淀出现，因为马尿中含有较多的碳酸钙和不溶磷酸盐，肾盂中的黏液细胞分泌较多的黏蛋白。

（三）尿的密度

尿的密度取决于尿量及其成分，取决于多种因素。如家畜摄入饲料的性质及数量、饮水量、汗腺、胃肠道、心、呼吸器官、肾的机能状态等。一般情况下，草食动物尿的密度比杂食动物和肉食动物的高。

二、尿的化学性质

（一）尿的成分

在正常情况下，尿中水分占96%～97%，干物质占3%～4%。干物质包括有机质和无机质，有机质主要是机体的代谢终产物，如尿素、尿囊素、尿酸、肌酸、肌酸酐、马尿酸、草酸、尿胆素、葡萄糖醛酸酯、某些激素和酶。无机质主要有钾、钠、钙、铵的氯化物、硫酸盐、磷酸盐和碳酸盐。如果饲料中蛋白质含量过高，产生的尿酸超出机体的排出能力，大量的尿酸盐就会沉淀在内脏或关节内导致痛风。

（二）尿的酸碱度

尿的酸碱度与动物种类及采食的饲料种类有关。一般情况下，草食动物采食植物性饲料，含有大量柠檬酸、苹果酸、乙酸等的钾盐，在体内氧化时，生成碳酸氢钾随尿排出，所以尿呈弱碱性；肉食动物采食含蛋白质高的食物，在体内代谢可生成硫酸、磷酸等随尿排出，尿呈酸性；杂食动物尿呈酸性或碱性。猪尿 pH 值为 6.5～7.8，马和牛尿 pH 值为7.2～8.7，羊尿 pH 值为 8.0～8.5。

第二节　肾的组织结构及血液循环特点

一、肾的组织结构

肾的解剖构造包括被膜、肾门、肾窦、皮质部和髓质部（图 7-1）。肾的皮质部由许多肾单位构成，髓质部由集合管系构成（图 7-2）。

（一）肾单位和集合管系

1. 肾单位
肾单位由肾小体和肾小管构成。

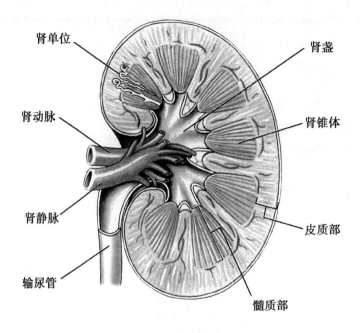

肾单位

肾盏

肾动脉

肾锥体

肾静脉

皮质部

输尿管

髓质部

图7-1 肾的解剖构造

（1）肾小体 由肾小球和肾小囊构成，肾小球是一团毛细血管网，与入球小动脉和出球小动脉相连，入球小动脉分支，最后形成血管襻，又汇合成出球小动脉。肾小囊是包在肾小球外杯状囊，壁层紧贴肾小球毛细血管，外层与肾小管壁相连，两层之间为肾小囊腔（图7-3）。

（2）肾小管 由近端小管、细段和远端小管构成。近端小管分为曲段和直段，远端小管分直段和曲段。

2. 集合管系

集合管系由集合管和乳头管构成。远端小管汇合成集合管，集合管汇合成乳头管，乳头管开口于肾乳头。

（二）皮质肾单位和近髓肾单位

1. 皮质肾单位

皮质肾单位分布于外皮质部和中皮质部，肾小球体积小，入球小动脉比出球小动脉粗。出球小动脉离开肾小体后主要在皮质内形成毛细血管网，分布肾小管周围。

2. 髓质肾单位

髓质肾单位分布于内皮质部，肾小球体积大。出球小动脉离开肾小体后不仅在近端小管和远端小管周围形毛细血管网，还形成U形直小血管。近端小管直段、细段和远端小管直段长，可达内髓质部。

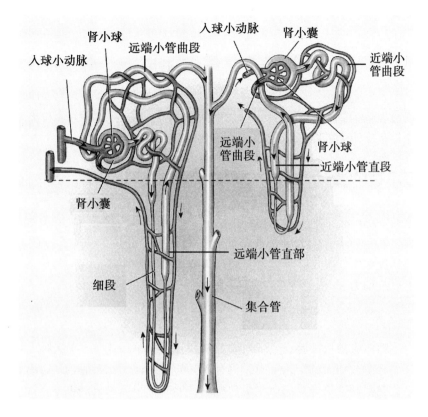

图7-2 肾的组织结构

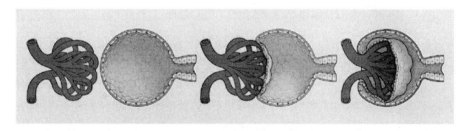

图7-3 肾小体模式

二、肾的血液循环特点

肾动脉由腹主动脉垂直分出,血流量大,约占心输出量的25%,是血流量最多的器官,适合肾泌尿过程的需要。肾血液循环特点如下。

①进入肾的血液要2次经过毛细血管网后才进入静脉,离开肾。由于皮质肾单位入球小动脉口径比出球小动脉粗,因此肾小球毛细血管内血压较高,有利于肾小球的滤过作用;而肾小管周围的毛细血管网血压较低,有利于肾小管的重吸收。

②近髓肾单位出球小动脉的一条分支形成细长的U形直小血管,与肾小管伴行,对

尿的浓缩有重要意义。

第三节　尿的生成

尿的生成过程包括 2 个环节，肾小球的滤过作用生成原尿，肾小管和集合管的重吸收、再分泌和排泄作用生成终尿。

一、肾小球的滤过作用

当血液流经肾小球毛细血管时，血液中的成分除了大分子的蛋白质和血细胞外，都可以通过滤过膜，进入肾小囊腔形成原尿。

肾小球的滤过作用取决于 2 个因素：滤过膜的通透性是原尿生成的前提条件，有效滤过压是原尿生成的动力。

（一）滤过膜的通透性

滤过膜由毛细血管内皮细胞、毛细血管基膜和肾小囊脏层组成，3 层膜上均存在小孔或裂隙，是肾小球滤过作用的结构屏障，具有较大的通透性。滤过膜内还含有许多带负电荷的物质，因此能限制带负电荷的血浆蛋白滤过，形成肾小球滤过的电学屏障。

（二）有效滤过压

推动血浆从肾小球滤过的力量有肾小球毛细血管压，阻碍滤过的力量有血浆胶体渗透压和囊内压（图 7 - 4）。

有效滤过压 = 肾小球毛细血管压 -（肾小囊内压 + 血浆胶体渗透压）

直接测定肾小体内各段压力的结果表明：

入球小动脉端有效滤过压 = 6 -（1.3 + 2.7）= 2.0 kPa

出球小动脉端有效滤过压 = 6 -（1.3 + 4.7）= 0 kPa

上述结果说明，并不是毛细血管全程都有滤过作用，只有有效滤过压为正值的血管段，才发生滤过作用。生理条件下，肾小球毛细血管内的血浆胶体渗透压随着滤过液不断生成而升高，因此，有效滤过压也逐渐下降，当有效滤过压下降至零时，即达到了滤过平衡时，滤过作用停止。

二、肾小管和集合管的重吸收作用

肾小管和集合管的重吸收作用是指肾小管和集合管上皮细胞将物质从肾小管液转运到血液中的过程。

1. 重吸收的方式

肾小管和集合管的重吸收方式，可概括为 2 类，即主动转运和被动转运。转运的途径

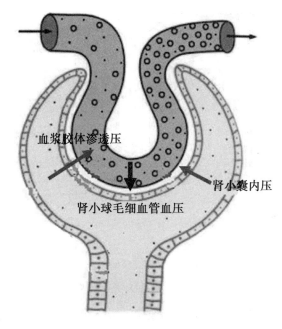

血浆胶体渗透压

肾小囊内压

肾小球毛细血管血压

图 7 - 4　滤过膜的结构

分为跨细胞途径和旁细胞途径。

2. 重吸收功能的特点

重吸收具有选择性和有限性。

（1）选择性　原尿生成后进入肾小管被称为小管液。肾小管和集合管对小管液中不同物质的吸收程度不同，称为选择性重吸收。凡是对机体有用的物质，如葡萄糖、氨基酸、钠、氯、钙、重碳酸根等，几乎可全部或大部分被重吸收；对机体无用的或用处不大的物质，如尿素、尿酸、肌酐、硫酸根、碳酸根等，则只有少许被重吸收或完全不被重吸收。选择性有利于肾排泄代谢废物，维持内环境的稳定。

（2）有限性　肾小管和集合管的重吸收功能有一定限度，当血浆中某些物质浓度过高时，滤液中该物质含量过高，且超过肾小管和集合管重吸收限度时，尿中便出现该物质。

3. 几种重要物质的重吸收

（1）葡萄糖的重吸收　吸收部位在近端小管（尤其前半段），葡萄糖全部重吸收，吸收方式是继发性主动转运（图 7 - 5）。吸收机理是：肾小管上皮细胞的基底膜上有 $Na^+ - K^+$ 泵，不断将细胞内的 Na^+ 转运入血液，维持肠腔内 Na^+ 浓度高于细胞内的状态，靠电势能使肠腔内的 Na^+ 和葡萄糖通过继发性主动转运进入细胞内。当细胞内葡萄糖高于血液时，基底膜通过易化扩散的载体蛋白再将葡萄糖转运进入血液。

近端小管对葡萄糖的重吸收有一定的限度。当血糖浓度超过 160 ~ 180mg/100ml 时，尿液中就会出现葡萄糖，把尿中刚出现葡萄糖时的血糖浓度值称为肾糖阈。

（2）Na^+ 的重吸收　吸收部位在肾小管和集合管各段，99%的 Na^+ 被重吸收。近端小管曲部是吸收的主要部位，吸收量占65%，远端小管曲部吸收量占10%，其余的在髓袢

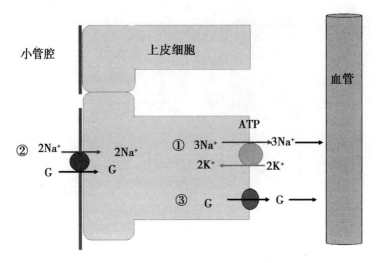

图 7 – 5　葡萄糖的重吸收

和集合管被重吸收。

近端小管对 Na^+ 的重吸收机制：常用泵 – 漏模式来解释。小管液中含有高浓度的 Na^+ 时，由于上皮细胞的管腔膜对 Na^+ 的通透性比较高，Na^+ 就通过易化扩散的方式进入细胞，进入细胞内的 Na^+ 随即被细胞侧膜上的 $Na^+ – K^+$ 泵泵出，进入细胞间隙。这样，一方面使细胞内 Na^+ 的浓度降低，使小管液中的 Na^+ 随继续顺浓度差扩散入细胞内；另一方面使细胞间隙中的 Na^+ 浓度升高，渗透压也升高，导致小管液中的水通过紧密连接处随之进入细胞间隙，使细胞间隙中的静水压升高。这一压力使 Na^+ 通过基膜 $Na^+ – K^+$ 泵进入细胞间隙，进入血液。也促使 Na^+ 通过紧密连接处回漏小管液中。近端小管 Na^+ 的重吸收量应为重吸收量减去回漏量（图 7 – 6）。

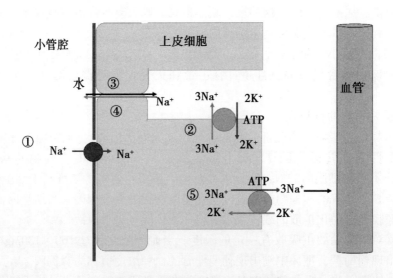

图 7 – 6　近端小管 Na^+ 的重吸收

远端小管、集合管 Na^+ 的重吸收：为继发性主动转运，常伴有负离子、葡萄糖、氨基酸等的吸收，与 H^+ 和 K^+ 的分泌联系在一起。肾小管上皮细胞的基底膜上有 $Na^+ - K^+$ 泵，不断将细胞内的 Na^+ 转运入血液，维持肠腔内 Na^+ 浓度高于细胞内的状态，靠电势能使肠腔内的 Na^+ 和负离子、葡萄糖、氨基酸等通过继发性主动转运进入细胞内。使细胞内正电荷增多，细胞管腔面 $Na^+ - H^+$ 泵启动，将细胞中的 H^+ 分泌到小管液中，维持离子平衡。大量负离子、葡萄糖、氨基酸进入细胞，渗透压升高，使小管液中水进入细胞，维持渗透压稳定，进入细胞中的负离子、葡萄糖、氨基酸在细胞基底膜通过易化扩散进入细胞间隙，进入血液。负离子、葡萄糖、氨基酸进入细胞间隙，细胞中渗透压降低，水从侧膜进入细胞间隙。维持细胞间隙的渗透压（图7-7）。

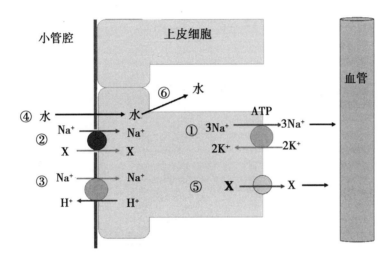

图 7 - 7 远端小管、集合管 Na^+ 的重吸收

（3）Cl^- 的重吸收 Cl^- 大部分伴随 Na^+ 而吸收。肾小管上皮细胞的基底膜上有 $Na^+ - K^+$ 泵，不断将细胞内的 Na^+ 转运入血液，维持肠腔内 Na^+ 浓度高于细胞内的状态，靠电势能使肠腔内的 Na^+ 和 Cl^- 通过继发性主动转运进入细胞内。当细胞内 Cl^- 的浓度高于血液时，基底膜通过易化扩散的载体蛋白再将 Cl^- 转运进入血液（图7-8）。

（4）HCO_3^- 的重吸收 HCO_3^- 的重吸收主要在近端小管，依赖于上皮细胞管腔膜上的 $Na^+ - H^+$ 交换。由于 HCO_3^- 不易透过细胞膜，与小管上皮细胞分泌出的 H^+ 结合，生成 H_2CO_3，再解离成 CO_2 和 H_2O。CO_2 通过简单扩散进入细胞内，在细胞内 CO_2 和 H_2O 在碳酸酐酶的催化下生成 H_2CO_3，解离 H^+ 和 HCO_3^-。H^+ 与 HCO_3^- 通过主动转运分泌到小管液中，HCO_3^- 与 Na^+ 在细胞基膜通过继发性主动转运进入细胞间隙，进入血液（图7-9）。

（5）K^+ 的重吸收 90% 以上的 K^+ 被重吸收，其中65% ~70% 的 K^+ 在近端小管被重吸收，25% ~30% 的 K^+ 在髓袢被重吸收，远端小管和集合管既能重吸收 K^+ 又能分泌 K^+。终尿中的 K^+ 主要由远端小管和集合管分泌。近端小管对 K^+ 的重吸收确切机制还不很清楚，与 Na^+ 和水的重吸收有密切相关；远端小管和集合管对 K^+ 的重吸收机制还不很清楚。

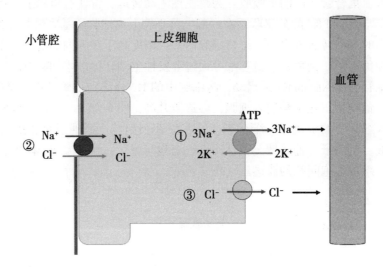

图 7 – 8 Cl⁻ 的重吸收

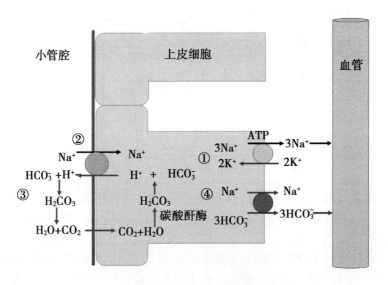

图 7 – 9 HCO₃⁻ 的重吸收

（6）水的重吸收 小管液中99%的水被重吸收，近端小管重吸收65%～70%，髓袢重吸收10%，远端小管重吸收10%，集合管重吸收10%～20%。水在各段重吸收都按渗透原理以被动转运的方式重吸收。

三、肾小管和集合管的再分泌和排泄作用

1. 再分泌作用

再分泌作用是指肾小管和集合管的上皮细胞将自身代谢产生的物质转运到肾小管液内

的过程。肾小管和集合管的上皮细胞能向小管液中分泌 H^+、K^+ 和 NH_3，即排 H^+ 保 Na^+、排 K^+ 保 Na^+、排 NH_3 保 Na^+ 过程，从而增加血液中的碱储。

（1）H^+ 的分泌　在近端小管通过 $Na^+ - H^+$ 交换分泌 H^+。肾小管上皮细胞的基底膜上有 $Na^+ - K^+$ 泵，不断将细胞内的 Na^+ 转运入血液，维持肠腔内 Na^+ 浓度高于细胞内的状态，靠电势能使肠腔内的 Na^+，通过 $Na^+ - H^+$ 交换分泌 H^+，小管液中的 Na^+ 进入细胞内（图 7 - 10）。

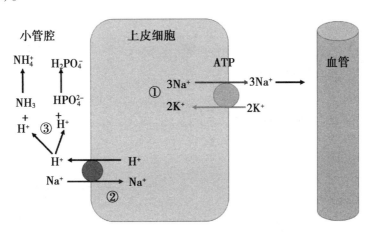

图 7 - 10　近端小管 K^+ 的分泌

在远端小管和集合管闰细胞分泌 H^+ 与 HCO_3^- 的重吸收相关。当 HCO_3^- 以 CO_2 的形式扩散进入上皮细胞后，在细胞内 CO_2 和 H_2O 在碳酸酐酶的催化下生成 H_2CO_3，解离成 H^+ 和 HCO_3^-。H^+ 与 HCO_3^- 通过主动转运分泌到小管液中，HCO_3^- 与 Na^+ 在细胞基膜通过继发性主动转运进入细胞间隙，进入血液（图 7 - 11）。

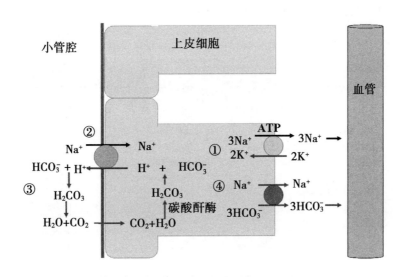

图 7 - 11　远端小管和集合管闰细胞 H^+ 的分泌

（2）K⁺的分泌　终尿中的 K^+ 主要由远端小管和集合管的上皮细胞分泌，K^+ 分泌是一种顺电化学梯度进行的被动转运的过程，而且与 Na^+ 重吸收密切相关。由于上皮细胞中 K^+ 浓度高于小管液，加之 Na^+ 重吸收，肾小管上皮细胞的基底膜上 Na^+ – K^+ 泵启动，不断将细胞内的 Na^+ 转运入组织间隙，然后进入血液，同时使组织细胞间的 K^+ 运回细胞，增大了上皮细胞与小管液中 K^+ 的浓度差和电位差，细胞中的 K^+ 通过通道蛋白的易化扩散分泌到管腔中（图 7 – 12）。

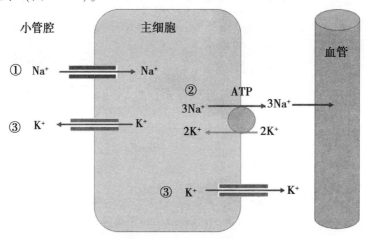

图 7 – 12　远端小管和集合管的上皮细胞 K⁺ 的分泌

（3）NH₃的分泌　远端小管和集合管的上皮细胞在代谢过程中生成 NH_3。NH_3 具有脂溶性，可自由通过细胞膜，并易向 H^+ 浓度高的方向扩散。由于小管液内 H^+ 浓度比组织间隙高，所以上皮细胞内的 NH_3 向小管液中扩散，并与 H^+ 结合生成 NH_4^+，这样使小管液中的 NH_3 的浓度下降，在上皮细胞与小管液形成浓度差，加速 NH_3 向小管液中扩散。NH_3 的分泌与 H^+ 的分泌密切相关（图 7 – 13）。

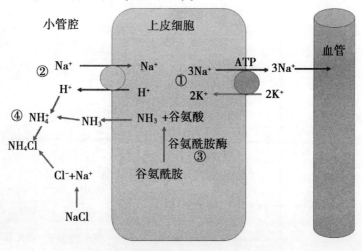

图 7 – 13　远端小管和集合管 NH₃ 的分泌

2. 肾小管和集合管的排泄作用

肾小管和集合管的排泄作用是指肾小管和集合管的上皮细胞将血液中某些外来物质（如进入体内的青霉素、酚红以及大部分利尿药，因和血浆蛋白结合在一起，而不能透过肾小球滤过）排泄入到小管液内的过程。

第四节 尿的稀释和浓缩

尿液的渗透压可随机体的水代谢状况而出现大幅度的变动，当机体缺水时，排出的水量减少，尿液被浓缩；当机体水量增多时，排出的水量增加，尿液被稀释。

一、尿的稀释和浓缩

（一）尿的稀释

如果小管液中的溶质被重吸收，而水不被重吸收，则尿的渗透压下降，形成低渗尿。尿液稀释发生在远端小管直段，能重吸收 Na^+、Cl^- 而不吸收水。集合管对水的重吸收受抗利尿激素控制，在体内水过剩时，抗利尿激素分泌减少，小管液由远端小管向集合管流动，Na^+、Cl^- 继续被重吸收，小管液的渗透压进一步下降，造成尿液稀释。

（二）尿的浓缩

尿的浓缩是小管液中的水分被重吸收，而引起溶质浓度增加的结果。肾髓质渗透浓度从髓质外层向乳头部深入而不断升高，具有明显的渗透梯度。在抗利尿激素存在时，远端小管和集合管对水通透性增加，小管液从外髓集合管向内髓集合管流动时，由于渗透作用，水便不断进入高渗的组织间隙，使小管液不断被浓缩而变成高渗液，最后形成浓缩尿。

（三）尿的稀释和浓缩的生理意义

尿的稀释和浓缩是肾的功能之一，对于机体水平衡和渗透压的稳定，具有十分重要的意义。尿的稀释和浓缩是尿渗透压与血浆渗透压相比而言的。正常情况下，尿的渗透压随机体水的状况而出现大幅度的变化。当机体缺水时，机体将排出渗透压高于血浆渗透压的高渗尿，即尿被浓缩。反之，当机体水分过剩时，将排出渗透压低于血浆渗透压的低渗尿，说明尿被稀释。

二、尿稀释和浓缩的机制——逆流学说

（一）肾小管髓袢的逆流倍增作用

1. 逆流系统结构

髓袢的升支和降支相并行，具有逆流系统"U"形结构，尤其近髓肾单位的髓袢较长，可深入肾髓质深部，逆流倍增的效率很高（图7-14）。

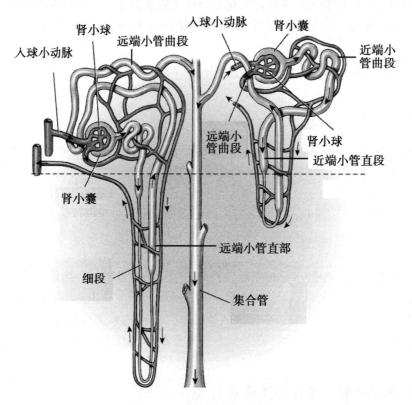

图 7-14　肾小管逆流系统结构

2. 外髓部渗透梯度的形成

外髓部的髓袢升支粗段能主动重吸收 Na^+、Cl^-，而不吸收水。结果越靠近皮质部，渗透压越低，越靠近内髓部，渗透浓度越高。

3. 内髓部高渗透梯度的形成

（1）降支细段　对水通透，而对 NaCl 和尿素不通透，小管液由上至下形成逐渐升高的渗透浓度，髓袢折返处，渗透浓度达到峰值。

（2）升支细段　对水不通透，而对 NaCl 通透，对尿素中等通透，小管液由下至上形成逐渐降低的渗透浓度。

（3）髓质集合管　对尿素高度通透，小管液渗透浓度进一步降低。

（二）直小血管的逆流交换作用

髓质部高渗梯度的保持，有赖于直小血管的逆流交换作用。当血液在降支中流经髓质高渗区，血浆中的水分渗入组织间隙，而组织中的溶质不断扩散到直小血管降支中，使血浆渗透浓度与组织液达到平衡。

第五节　影响尿生成的因素

一、影响原尿生成因素

（一）滤过膜的改变

1. 滤过膜的通透性

滤过膜的通透性通常是稳定的，但在病理条件下才会有较大的变动。如肾小球肾炎→滤过膜增厚→滤过膜通透性↓→原尿↓。如中毒→肾小球毛细血管上皮细胞间黏合质溶解→滤过膜通透性↑→原尿↑，出现蛋白尿、血尿。

2. 有效滤过面积

肾小球有效滤过面积与滤过率也有密切关系。滤过面积减少时，肾小球的滤过率也下降。一般情况下，有效滤过面积比较稳定。在病理条件下，如肾小球肾炎→血管增厚，使管腔变小→滤过面积↓→原尿↓。

（二）有效滤过压的改变

1. 肾小球毛细血管血压改变

由于肾血流量具有自身调节机制，只要动脉血压在 10.7 ~ 24.1kPa（80 ~ 180mmHg）范围内变动，肾小球毛细血管血压就能维持相对稳定。当动脉血压降到 10.7kPa（80mmHg）以下时，肾小球毛细血管血压下降，于是有效滤过压降低，原尿生成减少；当动脉血压升高到 24.1kPa（180mmHg）以上时，肾小球毛细血管血压升高，于是有效滤过压升高，原尿生成增多。如大量静脉注射生理盐水→循环血量↑→血压↑→肾小球毛细血管血压↑→有效滤过压↑→原尿↑。如外伤造成大出血时→循环血量↓→血压↓→肾小球毛细血管血压↓→有效滤过压↓→原尿↓。

2. 肾小囊内压的改变

在正常情况下，因肾小管与集合小管系、输尿管相通，肾小囊内压是比较稳定的。若出现肾盂或输尿管结石、肿瘤压迫或其他原因引起的输尿管阻塞尿液积聚时→肾球囊内压↑→有效滤过压↓→原尿↓。

3. 血浆胶体渗透压的改变

在正常情况下，血浆胶体渗透压是相对稳定的。如大量静脉注射生理盐水→血浆蛋白的浓度↑→血浆胶体渗透压↓→有效滤过压↑→原尿↑。如脱水→血浆胶体渗透压↑→有效滤过压↓→原尿↓。

(三) 肾血浆流量的改变

肾血浆流量主要影响滤过平衡的位置。当肾血浆流量增多时，血浆胶体渗透压上升速度减慢，滤过平衡位置靠近出球小动脉端，有效滤过压和滤过面积增加，原尿生成增多。反之，则出现相反的效应。如激烈活动时→肌肉活动↑→肌肉血流量↑→肾血流量↓→原尿↓。如大量静脉注射生理盐水时→循环血量↑→肾脏血流量↑→原尿↑。

二、影响终尿生成因素

(一) 小管液中溶质的浓度

当原尿中溶质的浓度增加，并超过肾小管和集合管上皮细胞对溶质的重吸收限度时，小管液的渗透压升高，渗透压升高必将妨碍肾小管和集合管上皮细胞对水的重吸收，于是尿量增多。故在临床上静脉注射20%的甘露醇溶液，利用它来提高小管液中溶质的浓度，从而阻碍水的重吸收，借此达到利尿和消除水肿的目的。如给家兔静脉注射50%葡萄糖20ml→小管液中葡萄糖浓度超过上皮细胞重吸收能力→小管液中葡萄糖残留→小管液渗透压升高，阻止水重吸收→终尿↑。

(二) 肾小管和集合管上皮细胞的机能状态

当肾小管和集合管上皮细胞因某种原因而被损害时，往往会影响它的正常吸收机能，从而使尿量和尿的质量发生改变（如鸡肾形传染性支气管炎排出大量含尿酸盐的尿液）。

(三) 激素的作用

1. 抗利尿素

抗利尿素增加远端小管对水的重吸收，从而使终尿生成减少。

2. 醛固酮

醛固酮促进远端小管的主细胞对 Na^+ 的重吸收，同时促进对 K^+ 的排出，即排 K^+ 保 Na^+ 作用。

综上所述，当大量注射生理盐水时，尿生成增多，原因如下。

原尿生成的动力是有效滤过压，有效滤过压 = 肾小球毛细血管压 −（肾小囊内压 + 血浆胶体渗透压）

①大量静脉注射生理盐水→循环血量↑→血压↑→肾小球毛细血管血压↑→有效滤过压↑→原尿↑。

②大量静脉注射生理盐水→血浆蛋白的浓度↑→血浆胶体渗透压↓→有效滤过压↑→原尿↑。

③大量静脉注射生理盐水→循环血量↑→肾脏血流量↑→原尿↑。

④大量静脉注射生理盐水→循环血量↑ →抑制抗利尿激素的分泌 →肾小管对水的重吸↓→ 终尿↑。

第六节 尿的排放

终尿在肾生成后，先经肾盏或集收管进入肾盂，然后借输尿管蠕动，流入膀胱储存。尿液生成是连续不断的，而生成的尿液进入膀胱后要积存达到一定量时，才间歇性地引起排尿反射动作，将尿液经尿道排放出体外。

一、膀胱与尿道的神经支配

1. 盆神经

盆神经是泌尿神经，自腰荐部脊髓发出。盆神经中含副交感神经纤维，它的兴奋可使逼尿肌收缩、膀胱内括约肌松弛，而促进排尿。

2. 腹下神经

腹下神经是充盈神经，自胸腰部脊髓侧角发出到达膀胱。腹下神经含交感神经纤维，当其兴奋可使逼尿肌舒张、尿道内括约肌收缩，抑制排尿，有助储尿。

3. 阴部神经

阴部神经是躯体神经，自腰荐部脊髓发出，其活动受意识的控制，兴奋时可使外括约肌收缩。当阴部神经受反射性抑制时，外括约肌松弛，利于排尿。

二、排尿反射

膀胱中的尿液储集到一定容量时，膀胱壁的牵张感受器受到刺激而兴奋。冲动沿盆神经传入，到达腰荐部脊髓排尿反射的初级中枢；同时，冲动也上传到脑干和大脑皮层的排尿反射高位中枢，产生尿意。如果当时条件不适于排尿，低级排尿中枢可被大脑皮层抑制，使膀胱壁进一步松弛，继续储存尿液，直至有排尿的条件或膀胱内压过高时，低级排尿中枢的抑制才被解除。这时排尿反射的传出冲动沿盆神经传到膀胱，引起逼尿肌收缩、内括约肌松弛，于是尿液进入尿道。这时进入尿道的尿液刺激尿道的感受器，冲动沿阴部神经也传到脊髓排尿中枢，进一步加强其活动，使外括约肌开放，于是尿液被排出（图7－15）。逼尿肌的收缩又可刺激膀胱壁的牵张感受器，它的兴奋又进一步反射性地引起膀胱收缩；尿液对尿道的刺激可进一步反射性地加强排尿中枢活动。这是一种正反馈，它使排尿反射一再加强，直至尿液排完为止。在排尿末期，由于尿道海绵体肌肉收缩，可将残留于尿道的尿液排出体外。临床上常见的排尿异常有尿频（膀胱炎症）、尿潴留（腰荐部脊髓损伤）和尿失禁（腰荐部以上脊髓受损）。

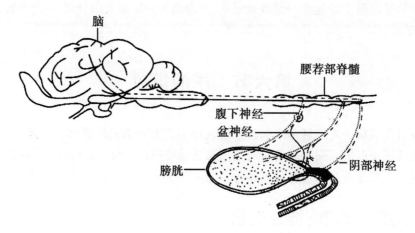

图 7 – 15　排尿反射

第八章　能量代谢与体温调节

第一节　能量代谢

能量代谢是生物体内伴随物质代谢而发生能量的释放、转移、贮存和利用的过程。

一、能量的来源和利用

太阳能是所有生物最基本的能量来源。具有叶绿素的生物在进行光合作用的过程中，将光能转化为化学能。动物唯一能利用的能量是蕴藏在饲料中的化学能。

（一）机体能量利用的基本形式

在分解代谢中，起捕获和储存能量作用的分子是三磷酸腺苷（ATP），ATP 可由二磷酸腺苷（ADP）和无机磷酸合成。

当 ATP 提供能量时，变成 ADP，ADP 又可在捕获能量的前提下，再与无机磷酸结合形成 ATP。ATP 和 ADP 的往复循环是生物机体利用能量的基本方式。

（二）饲料中主要营养物质的能量转化

三大营养物质在细胞内氧化释放大量能量，70% 由糖供给，其余由脂肪供给，特殊情况下由蛋白质供给。

1. 糖（葡萄糖）

（1）有氧氧化　1mol 葡萄糖氧化释放能量可合成 38mol ATP。

（2）无氧酵解　1mol 葡萄糖氧化释放能量可合成 2mol ATP。

2. 脂肪

在体内氧化功能时，每克脂肪所释放的能量约为糖有氧氧化时释放能量的 2 倍。

3. 蛋白质

在体内氧化功能时，每克蛋白质所释放的能量约为每克糖有氧氧化时释放能量。

（三）饲料总能量的去路

饲料燃烧时所释放的热量，称为饲料的总能。

```
        ┌                    ┌净能
        │          ┌代谢能 ┤
        │          │         └特种动力效应的能量
        │  ┌消化能┤尿能
总能   ┤  │        └发酵能
        │  │
        └粪能
```

1. 粪能

粪能不仅包括饲料未消化的成分，还包括自体内进入胃肠道而未被吸收的物质。

2. 代谢能

代谢能是糖、脂肪和蛋白质的化学能在动物机体内经氧化作用而释放出的能量。

3. 发酵能

发酵能指草食动物胃肠道因发酵而丢失的能量。

4. 尿能

尿能指尿中未被完全氧化的物质的能量。

5. 特种动力效应的能量

特种动力效应的能量指营养物质参与代谢时，不可避免的以热的形式损失的能量。

6. 净能

净能指用于维持机体本身的基础代谢、随意运动、调节体温和生产活动的能量。

二、能量代谢的测定

（一）概念

1. 食物的热价

1g 某种食物氧化时所释放的热量。

2. 食物的氧热价

氧化某种食物时，每消耗 1L 氧所产生的热量。

3. 呼吸商

一定时间内机体呼出的二氧化碳量与吸入的氧气量的比值。

（二）测定方法

①直接测热法
②间接测热法：包括闭合式测定法、开放式测定法。

三、基础代谢和静止能量代谢

基础代谢

1. 基础代谢

动物在维持基本生命活动条件下的能量代谢水平。

2. 基本生命活动条件

①清醒。

②肌肉处于安静状态。

③最适于该动物的外界环境温度。

④消化道内空虚。

3. 静止能量代谢

动物在一般的畜舍或实验室条件下，早晨饲喂前休息时的能量代谢水平。

四、影响能量代谢的主要因素

（一）影响能量代谢的因素

①劳役和运动。

②精神活动。

③食物的特殊动力效应。

④环境温度。

（二）影响基础代谢率和静止能量代谢率的因素

个体大小、年龄、性别、品种、生理状态、营养状态、季节和气候等。

第二节 体温调节

一、家畜的体温及其正常变动

家畜都属于恒温动物，在正常情况下，畜体体温是相对恒定的。体温的相对恒定是保证畜体新陈代谢和各种功能活动正常进行的一个重要条件。因为代谢过程中都需要酶的参与，而最适宜酶的温度是 37～40℃。过高或过低的温度都会影响酶的活性，或使其活性丧失，致使机体的各种代谢发生紊乱，甚至危及生命。体温的变化对中枢神经系统的影响特别显著，如发高烧时，中枢神经的功能就会发生紊乱。所以在兽医临床上，体温往往作为畜体健康状况的一个重要标志。

机体各部分的温度并不相同，可分为体表温度和体核温度。体表温度是指体表及体表下结构的温度。由于易受环境温度或机体散热的影响，体表温度波动幅度较大。体核温度是机体深部的温度，比体表温度高，且相对稳定。由于代谢水平不同，各内脏器官的温度也有差异，肝和瘤胃内温度最高，比直肠温度高 1～2℃，直肠温度比体表温度高 1～5℃。

生理学所说的体温是指身体深部的平均温度。通常用直肠温度来代表动物体温（表8－1）。

表8-1　各种家畜直肠温度

家畜	平均温度（℃）	温度范围（℃）
乳牛	38.6	38.0~39.3
黄牛、牦牛、肉牛	38.3	36.7~39.7
水牛	37.8	36.1~38.5
猪	39.2	38.7~39.8
绵羊	39.1	38.3~39.9
山羊	39.1	38.5~39.7
马	37.6	37.2~38.1
驴	37.4	36.4~38.4

家畜种别、年龄、生理状况和生活环境不同，体温可有所不同。幼畜的体温比成年家畜略高；公畜较母畜略高；母畜在发情期和妊娠期的体温较平时稍高，排卵时则有体温降低现象；肌肉活动时代谢增强，产热增多也可使体温升高；动物采食后体温可升高0.2~1℃，并持续2~5h之久；长期饥饿后体温降低；大量饮水后也能使体温下降。

体温在一昼夜之间常作周期性波动：2~6点体温最低，13~18点最高。这种昼夜周期性波动称为昼夜节律。研究结果表明，体温的昼夜节律是由内在的生物节律所决定的，而同肌肉活动状态以及耗氧量等并没有因果关系。

二、机体的产热与散热

家畜正常体温的维持，有赖于体内产热和散热2个生理过程之间的动态平衡。如产热多于散热，可见体温升高，而散热超过产热则引起体温下降。

（一）产热

1. 产热的主要器官

体内热量是由三大营养物质在各组织器官中进行分解代谢时产生的。体内的一切组织细胞活动时都产生热，由于新陈代谢水平的差异，各组织器官的产热量并不相同。肌肉、肝和腺体产热最多。肝代谢最旺盛，产热量最大。而运动和劳役时，骨骼肌代谢明显增加。草食家畜的饲料在瘤胃发酵，产生大量热能，也是体热的重要来源。

2. 机体的产热形式

家畜在寒冷环境中，散热量明显增加，机体要维持体温的相对稳定，可通过战栗产热和非战栗产热2种形式来增加产热量。

（1）战栗产热　是骨骼肌发生不随意的节律性收缩，特点是屈肌和伸肌同时收缩，所以不做外功，但产热量很高。发生战栗时，代谢率可增加4~5倍。通常机体在寒冷环境中，在发生战栗之前先出现寒冷性肌紧张（又称战栗前肌紧张），此时代谢率就有所增加。随着寒冷刺激的继续作用，便在此基础上出现战栗，产热量大大增加。

（2）非战栗产热 又称代谢产热，指机体处于寒冷环境中时，除战栗产热外，体内还会发生广泛的代谢产热增加的现象。这一过程中在增加的代谢产热中，以褐色脂肪组织的产热量为最大，可占非战栗产热总量的70%。

（二）散热

1. 主要散热途径

家畜的主要散热部位是皮肤。经皮肤这一途径散发的热量约占全部散热量的75%～85%。其他散热途径还有呼吸器官、消化器官和排尿等。

2. 皮肤的散热方式

通过辐射、传导、对流和蒸发等方式向外界发散热量。

（1）辐射 机体以热射线（红外线）的形式向外界发散体热的方式称为辐射散热。在常温和安静状态下辐射散热是机体最主要的散热方式，大约占总散热量的60%。辐射散热量的多少主要与皮肤和周围环境之间的温度差、有效辐射面积等因素有关。如皮肤温度高于环境温度，其差值越大，散热量越多；反之，如果环境温度高于皮肤温度，则机体不仅不能散热反而会吸收周围的热量（如在高温环境中使役）；动物舒展肢体可增加有效辐射面积，增加散热量，而身体蜷曲时，有效辐射面积减少从而可减少散热。

（2）传导 是指机体的热量直接传递给同它接触的较冷物体的一种散热方式。传导散热量的多少与接触面积、温度差和物体的导热性能有关。水的导热性能比空气好，湿冷的物体传导散热快。生产中在冬季要力求保持畜舍地面干燥以防止散热，而在夏季水牛要下水，奶牛常以冷水淋浴促进散热，可以有效地防止奶牛中暑。

（3）对流 是指机体通过与周围的流动空气来交换热量的一种散热方式，是传导散热的一种特殊形式。风是典型的对流散热方式。机体周围总有一薄层被体热加温了的空气，由于空气不断流动，热空气被带走，冷空气则填补其位置，体热便不断散发到空间。对流散热与空气对流速度有关。风速越大散热越多。在畜牧生产上，夏季加强通风可增加散热，冬季则尤其要注意防风以减少散热，这些措施均有利于畜禽体温的维持。

（4）蒸发 蒸发散热是机体通过体表水分的蒸发来发散体热的一种方式。当环境温度等于或高于皮肤温度时，机体已不能用辐射、传导和对流等方式进行散热，蒸发散热便成了唯一有效的散热方式。据测定，在常温下，蒸发1 g水可使机体散发2.43 kJ的热量。

蒸发散热有不显汗蒸发和显汗蒸发2种形式。

①不显汗蒸发：是指机体中水分直接渗透到皮肤和黏膜表面，在未聚集成明显汗滴前即被蒸发掉。这种蒸发持续不断地进行，即使在低温环境中也同样存在，与汗腺的活动无关。

②显汗蒸发：通过汗腺主动分泌汗液，由汗液蒸发有效地带走热量的方式。当环境温度达30℃以上或动物在劳役、运动时，汗腺便分泌汗液。值得注意的是，汗液必须在皮肤表面蒸发，才能吸收体内的热量，达到散热效果。如果汗液被擦掉，就不能起到散热的作用。

三、体温调节

体温恒定是在神经和体液调节机制的控制下实现的。

（一）神经调节

1. 温度感受器

温度感受器按其感受的刺激可分为冷感受器和热感受器，按其分布的部位又可分为外周温度感受器和中枢温度感受器。

（1）外周温度感受器　广泛分布于皮肤、黏膜和内脏中，包括冷感受器和热感受器，它们都是游离神经末梢。

（2）中枢温度感受器　分布于脊髓、延髓、脑干网状结构以及下丘脑等处对温度变化敏感的神经元。根据它们对温度的不同反应，可分为 2 类神经元。在局部组织温度升高时冲动发放频率增加的神经元，称为热敏神经元，主要分布在视前区 - 下丘脑前部（PO/AH）中；在局部组织温度降低冲动的发放频率增加的神经元，称为冷敏神经元，主要分布在脑干网状结构和下丘脑的弓状核中。

2. 体温调节中枢

高级中枢位于大脑皮质，体温调节的基本中枢位于丘脑下部，低级中枢位于脊髓。

3. 体温调定点学说

认为热敏神经元起着体温调定点的作用。当中枢温度升高超出某界限时，热敏神经元冲动发放的频率增加；反之，当中枢温度降低并低于某一界限时，则冲动发放减少。这些神经元对温度的感受界限即阈值，就是体温稳定的调定点。当中枢的温度超过调定点时，散热过程增强而产热过程受到抑制，体温因而不至于过高。如果中枢的温度低于调定点时，产热增强而散热过程受到抑制，因此，体温不至于过低。

在正常情况下，调定点虽然可以上下移动，但范围很窄。某些中枢神经递质，如5-羟色胺、乙酰胆碱、去甲肾上腺素和一些多肽类活性物质，可对调定点产生影响。当细菌感染后，由于致热原的作用，热敏神经元的反应阈值升高，而冷敏神经元的阈值则下降，调定点因而上移。因此，先出现恶寒战栗等产热反应，直到体温升高到新的调定点水平以上时才出现散热反应。

4. 神经调节的反射

①当外界环境温度降低时或血液温度稍微降低，刺激皮肤或内脏温度感受器→传入神经→体温调节中枢（丘脑下部）→传出神经→效应器。皮肤血管广泛收缩，减少皮肤的直接散热，使全身骨骼肌紧张强度增强，发生寒战性产热。

行为方面表现：被毛竖起，减少皮肤散热作用，动物趋向温热环境或蜷缩姿态，减少与寒冷空气的接触面积。

②当外界环境温度升高时或血液温度稍微升高，刺激皮肤或内脏温度感受器→传入神经→体温调节中枢（丘脑下部）→传出神经→效应器。使皮肤广泛性血管舒张，增加辐射、传导、对流散热；使汗腺分泌增多，增加蒸发散热；使骨骼肌的紧张度降低，产热

减少。

动物行为表现：懒于运动，伸展体躯躺卧。躲避日光晒，趋向阴冷处。

（二）体液调节

①动物受到短时间寒冷刺激时→交感神经兴奋→肾上腺素，去甲肾上腺素分泌↑→使分解代谢加强，产热↑。

②长期寒冷情况→甲状腺素分泌↑→体内分解代谢加强，产热↑。

第九章 肌 肉

第一节 肌细胞的收缩机理

一、骨骼肌的功能结构

（一）骨骼肌的解剖构造

包在整块骨骼肌表面的结缔组织，称为肌外膜。肌外膜通常厚而坚韧，也有肌间脂肪堆积的部位。肌外膜向内伸入，将肌纤维分成许多肌束。包在肌束外的一层较薄的结缔组织膜，称为肌束膜。肌束膜含有血管和神经，在肌束之间也有脂肪储积，称为肌内脂肪。从肌束膜再延伸出很薄的结缔组织膜，包在每个肌细胞表面，称为肌内膜。肌内膜与肌细胞膜紧贴在一起，肌内膜一般很少含有大量脂肪细胞（图9-1）。

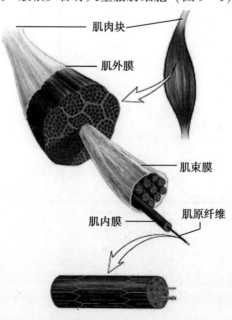

图9-1 骨骼肌的解剖构造

(二) 骨骼肌的显微结构

骨骼肌由大量成束的肌纤维组成，肌纤维呈细长圆柱形，长度为 $1\sim340\mathrm{mm}$，大多数 $1\sim40\mathrm{mm}$。有 $100\sim200$ 个细胞核，位于边缘。细胞质又称肌浆，含有细胞器以及丰富的肌红蛋白和肌原纤维，肌红蛋白为肌细胞特有。

1. 肌原纤维和肌小节

每个肌细胞中含有上千条直径为 $1\sim2\mu\mathrm{m}$，沿细胞长轴行走的肌原纤维。在光镜下，肌原纤维呈现有规则的明暗相间的横纹。暗带（A 带）较宽，宽度比较固定，无论肌肉处于舒张，还是收缩时，都保持 $1.5\,\mu\mathrm{m}$ 的宽度；

明带（I 带）的宽度可因肌肉所处的状态而改变，舒张时较宽，收缩时较窄。在明带正中有一条暗纹，称 Z 线（间膜）。暗带中间有一条亮纹，称为 H 带。H 带正中有一条深色线，称为 M 线（中膜）。肌原纤维上 2 条相邻 Z 线之间的部分称为肌小节，包括中间的暗带和两侧各 1/2 的明带，肌小节是骨骼肌收缩的基本结构和功能单位，其长度随肌肉舒缩可在 $1.5\sim3.5\mu\mathrm{m}$ 之间变动，安静时为 $2.0\sim2.5\mu\mathrm{m}$（图 9 - 2）。

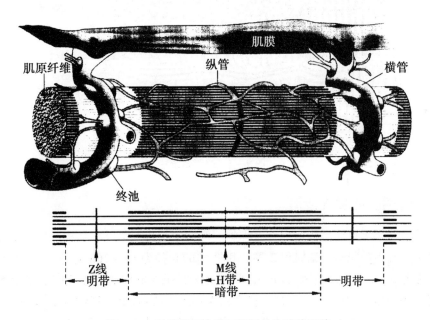

图 9 - 2　骨骼肌细胞的肌原纤维和肌管系统

2. 肌管系统

每条肌原纤维都被膜性的囊管状结构所包围。这些囊管状结构包括 2 套不同来源和功能的管道系统。一组为横管系统（T 管），其走向和肌原纤维垂直，由肌细胞膜向内凹陷而成，是细胞膜的延续。T 管为闭合的管道，不与胞浆相通，穿行于肌原纤维之间，并在暗带的两端形成环绕肌原纤维的管道；横管之间可相互沟通，且内腔通过肌膜凹陷处的小孔与细胞外液相通。另一组为纵管系统，也称肌浆网（L 管），是细胞内的管道系统。其行走方向与肌小节平行，主要包绕每个肌小节的中间部分。纵管也互相沟通，但不与细胞外液和胞浆沟通。在接近暗带两端霸道横管时管腔膨大，称为终末池。每条横管和两侧的纵管终末池，构成三联管结构（图9-3）。横管和纵管的膜在三联管处并不接触，中间由胞浆隔开。横管系统将动作电位传入细胞内部；而纵管系统和终末池则通过 Ca^{2+} 的介导，触发肌小节的收缩和舒张。因此，三联管是兴奋-收缩偶联的结构基础，而 Ca^{2+} 是启动兴奋-收缩偶联的关键因子。

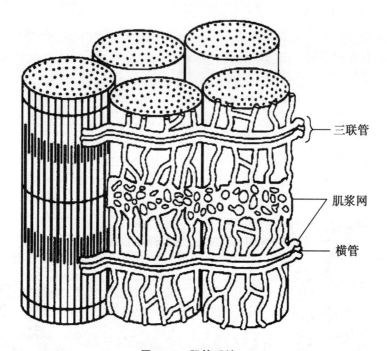

图9-3 肌管系统

（三）骨骼肌的超微结构

电子显微镜下可见肌小节内含有更细的、纵向平行排列的丝状结构，称为肌丝。根据直径的大小，分为粗肌丝和细肌丝2种。粗肌丝的直径为14~16nm，长度为1.5μm；细肌丝的直径为6~8nm，长度为1.0μm。暗带是由粗肌丝形成的，M线把成束的粗肌丝固定在一起。明带是由细肌丝形成的，它们由Z线向两侧伸出，每侧的长度都是1.0μm，在肌小节总长度小于3.5μm时，细肌丝的游离端有一段伸入暗带，和粗肌丝处于交错、重叠的状态（图9-2）。如果由两侧Z线伸入暗带的细肌丝未能相遇而隔有一段距离，这就形成了较透明的H带；如果相遇则H带消失。肌肉被动拉长时，细肌丝由暗带重叠区被拉出，肌小节长度增大，同时明带和H带相应增宽，而暗带宽度不变。

（四）肌丝的蛋白质分子结构

粗肌丝和细肌丝由4种蛋白聚合而成（图9-4）。

1. 肌球蛋白（肌凝蛋白）

肌球蛋白组成粗肌丝，由2个膨大的头部和2条长杆状尾部组成。长杆状的尾部朝向

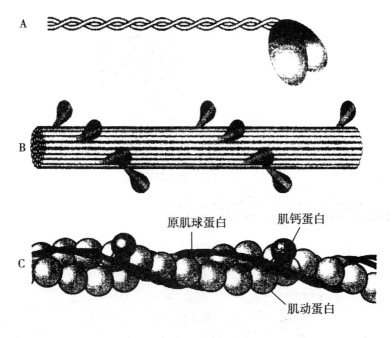

图 9 - 4 肌丝的分子结构

肌小节暗带中央 M 线积聚成束，球状膨大的头部垂直暴露在 M 线两侧的粗肌丝表面，形成横桥。

2. 肌动蛋白（肌纤蛋白）

肌动蛋白构成细肌丝的主干。球形，在肌丝中聚合成两条链，并相互缠绕成螺旋状。

3. 原肌球蛋白（肌原凝蛋白）

原肌球蛋白组成细肌丝的一部分，双螺旋状结构，与肌动蛋白的双螺旋体平行排列。

4. 肌钙蛋白（肌宁蛋白）

肌钙蛋白构成细肌丝的一部分。由 T、C、I 3 个亚单位组成的复合体。C 亚单位与 Ca^{2+} 的亲和力很大，而且每一个原肌球蛋白分子可以和一个肌钙蛋白复合体结合。

二、骨骼肌的收缩及其机理

（一）神经 - 肌肉间的兴奋传递

1. 神经 - 肌肉接头

神经 - 肌肉接头又称运动终板，运动神经元在到达神经末梢处时先先去髓鞘，以裸露的轴突末梢嵌入到肌细胞膜的凹陷中，形成神经 - 肌肉接头。

轴突末梢：胞浆中有大量囊泡，含有乙酰胆碱（ACh）。终板膜：有 N_2 型受体，能与乙酰胆碱特异性结合（图 9 - 5）。

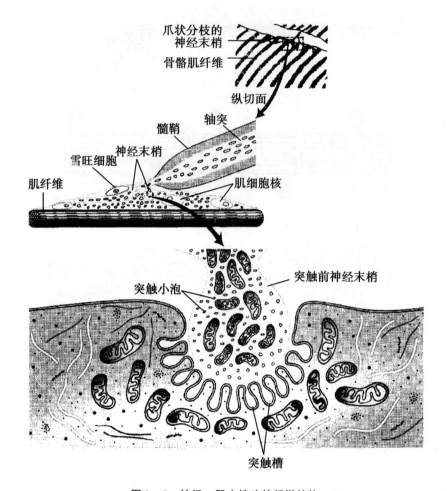

爪状分枝的
神经末梢

骨骼肌纤维

纵切面

髓鞘　轴突

神经末梢

雪旺细胞

肌纤维

肌细胞核

突触小泡

突触前神经末梢

突触槽

图 9 – 5　神经 – 肌肉接头的超微结构

2. 神经 – 肌肉接头间的兴奋性传递机理

安静状态下，神经末梢只有少量囊泡随机进行自发释放，通常不足以引起肌细胞的兴奋。当神经冲动到达时，神经末梢进行诱发性的 ACh 释放。分成下列几步。

①接头前膜的去极化，引起 Ca^{2+} 通道蛋白开放，细胞膜外 Ca^{2+} 进入神经末梢内，促使大量囊泡向前膜靠近，并与之融合，破裂释放 ACh 进入接头间隙。

②当 ACh 通过接头间隙扩散到终板膜，与膜上的 N_2 型 ACh 受体结合，K^+、Na^+ 通道打开，K^+ 外流 Na^+ 内流，Na^+ 内流远远超过 K^+ 外流，结果使终板膜外电位降低，膜内电位升高，导致终板膜去极化。膜电位称为终板电位。

③终板电位以电紧张扩布的形式影响其临近的肌细胞膜，使之去极化，当去极化达到阈电位水平时，便暴发动作电位并传遍整个肌细胞，引起肌细胞兴奋。

3. 神经 – 肌肉接头间兴奋传递的特点

①终板电位没有"全或无"特性，而是有等级性的，其大小与接头前膜释放的 ACh 量成正变关系。

②终板电位无不应期，而且有总和现象。

③终板电位以电紧张形式进行扩布。

（二）骨骼肌的兴奋－收缩偶联

肌细胞膜兴奋触发肌纤维收缩的生理过程为兴奋－收缩偶联。3 个主要步骤如下。

1. 动作电位的传导

肌细胞兴奋产生的动作电位通过横管系统传向肌细胞深部，到达三联管结构和每个肌小节。

2. 信息在三联管部位的传递

存在于横管膜上的 L－型钙通道胞浆侧的肽链结构，正好与终板末池上另一种 Ca^{2+} 释放通道在胞浆侧的肽链部分两两相对。

骨骼肌前者可能对后者的通道开放起堵塞作用。当电信号到达横管时，横管膜上的钙通道发生变构，导致堵塞消除。终末池的大量 Ca^{2+} 进入胞浆，引起肌丝滑动。

3. 纵管系统（肌浆网）中 Ca^{2+} 的释放和再积聚

Ca^{2+} 释放进入肌浆，引起肌丝滑行，此后又迅速回到肌浆网内。由于肌浆中 Ca^{2+} 浓度的降低，和肌钙蛋白结合的 Ca^{2+} 浓解离，引起肌肉舒张。这一过程是肌浆网膜结构中钙泵活动的结果。

（三）骨骼肌的收缩机理

肌肉收缩过程的本质是在肌球蛋白与肌动蛋白的相互作用下将分解 ATP 释放的化学能转变为机械能的过程。能量转换发生在肌球蛋白的横桥和肌动蛋白之间（图 9－6）。

①肌球蛋白横桥具有 ATP 酶活性。肌肉处于舒张时，横桥结合的 ATP 被水解，产生的能量使横桥垂直于细肌丝，并对细肌丝的肌动蛋白具有高度的亲和力，但此时细肌丝上的肌动蛋白的结合点被掩盖，所以不能与之结合。

②暴露肌动蛋白的结合点。当肌浆内 Ca^{2+} 浓度升高时，Ca^{2+} 与肌钙蛋白 C 亚单位结合引起肌钙蛋白构象的改变，同时也可使原肌球蛋白的构象发生扭转，暴露肌动蛋白的结合位点，解除了静息时阻碍肌动蛋白与横桥结合的障碍。

③肌动蛋白与肌球蛋白结合产生滑行。横桥与肌动蛋白结合后向 M 线方向扭 45°，把细肌丝拉向 M 线方向，使肌小节缩短，此时横桥头部贮存的能量转变为克服负荷的张力。

④在横桥与肌动蛋白摆动时，ADP 和无机磷与之分离，在 ADP 解离的位点，横桥头部马上又与一分子 ATP 结合，结果降低了横桥与肌动蛋白的亲和力，促使它与肌动蛋白解离。

⑤若胞浆内 Ca^{2+} 浓度仍较高，便又可出现横桥与细肌丝上新位点的再结合、再扭动。如此反复进行，称为横桥周期。

⑥肌肉舒张。一旦肌浆中 Ca^{2+} 浓度降低，横桥与肌动蛋白解离，使肌小节恢复原状，肌肉舒张。

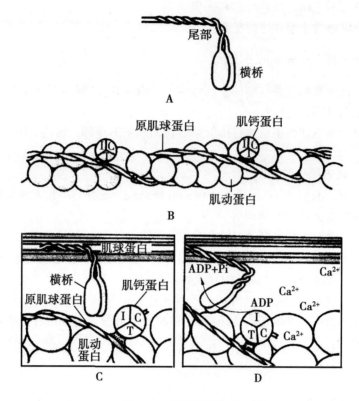

图 9-6 肌肉收缩机理

第二节 骨骼肌的生理特性

骨骼肌具有兴奋性、传导性和收缩性等生理特性。兴奋性是一切活细胞都具有的，传导性是肌细胞和神经细胞的共性，而收缩性是肌细胞独有的特性。骨骼肌的兴奋性显著高于心肌和平滑肌。骨骼肌兴奋后，外观上表现出的缩短现象称为收缩性，特点是速度快、强度大，但不能持久。

一、骨骼肌收缩的形式

（一）等张收缩和等长收缩

1. 等张收缩

将肌肉一端固定，另一端处于游离状态时，电刺激肌肉引起兴奋，于是肌肉开始缩短，这种收缩的特点是肌肉收缩时长度明显缩短，但肌肉整个缩短过程中张力始终不变，这种收缩形式称为等张收缩。奔跑时，四肢伸肌和屈肌的收缩表现为等张收缩。

2. 等长收缩

将肌肉两端固定，电刺激肌肉引起兴奋，于是肌肉收缩，这种收缩的特点是肌肉收缩时长度不可能缩短，但肌肉张力增大，这种收缩形式称为等长收缩。维持身体固定姿势和克服外力作用有关的肌肉，近于等长收缩。

（二）单收缩和强直收缩

1. 单收缩

给骨骼肌一次单个电刺激，可发生一次动作电位，随后引起肌肉产生一次迅速而短暂的收缩，称为单收缩。单收缩分为收缩期和舒张期（图9-7）。

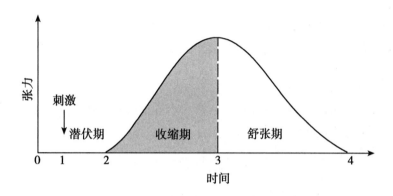

图9-7　骨骼肌的单收缩曲线

2. 强直收缩

强直收缩分为不完全强直收缩和完全强直收缩（图9-8）。

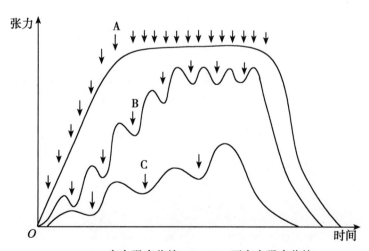

A：完全强直收缩；B、C：不完全强直收缩

图9-8　骨骼肌的强直收缩曲线

（1）不完全强直收缩　给肌肉 2 次或 2 次以上的阈刺激，若后一次刺激落在前一次刺激的舒张期，出现一条锯齿状的曲线。

（2）完全强直收缩　给肌肉 2 次或 2 次以上的阈刺激，若后一次刺激落在前一次刺激的收缩期，出现一条平滑的曲线。

二、影响骨骼肌收缩的因素

（一）负荷对骨骼肌收缩的影响

1. 前负荷的影响

肌肉在收缩前所承担的负荷称前负荷。决定了肌肉在收缩前被拉长的长度，即初长度。肌肉最适初长度的等长收缩可以产生最大的主动张力，肌肉的初长度大于或小于最适初长度，收缩的张力都会下降。

2. 后负荷的影响

肌肉在收缩过程中所承受的负荷称后负荷。当后负荷增加到使肌肉不能再缩短时，肌肉可以产生最大的收缩张力；当负荷等于零时，肌肉收缩可达最大缩短速度。

（二）肌肉收缩能力的改变对肌肉收缩的影响

肌肉收缩能力指与负荷无关的能决定肌肉收缩效能的内在特定。如缺氧、酸中毒、肌肉能源物质减少降低肌肉收缩；肾上腺素、咖啡因提高肌肉收缩。

第十章 神　　经

神经系统的功能复杂多样，归纳起来包括：感觉功能、对躯体运动和内脏活动的调节以及脑的高级功能。

第一节　神经元和神经胶质细胞

神经系统包括中枢神经和外周神经，由神经细胞和神经胶质细胞构成。

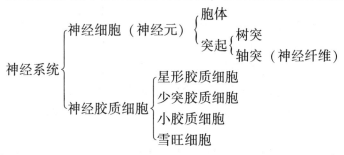

一、神经元

（一）神经元的分类

（1）根据形态　分为锥体细胞、星形细胞和梭形细胞（图 10-1）。

（2）根据功能　分为感觉神经元（又叫传入神经元）、中间神经元（又叫联络神经元）和运动神经元（又叫传出神经元）。

（3）根据对下级神经元影响　分为兴奋神经元和抑制神经元。

（二）神经元的功能

神经元具有接受、整合和传递信息的功能。神经元胞体及树突是接受信息并进行整合的部位，神经元胞体是产生神经冲动（即动作电位）的部位，神经元轴突是传导兴奋的部位，神经元末梢是释放递质的部位。

（三）神经纤维的兴奋传导

神经纤维的主要功能是传导兴奋，沿神经纤维传导的兴奋叫神经冲动（即动作电

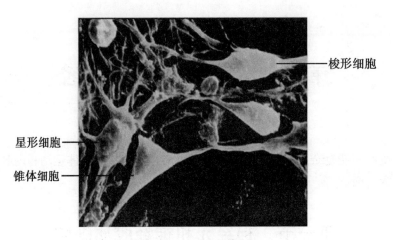

星形细胞——

锥体细胞——

——梭形细胞

图 10 – 1　神经元的形态

位）。

1. 神经纤维传导兴奋的一般特征

（1）完整性　必须保证神经纤维结构和功能上的完整性。如神经纤维损伤或被药麻醉，丧失了结构和功能的完整性，均可使冲动传导受阻。

（2）绝缘性　一条神经干有许多条神经纤维组成，但在各条纤维上传导的冲动，只沿自身传导不波及其他纤维。绝缘性保证了神经传导的精确性。

（3）双向性　神经纤维的任何一点受到刺激，产生的冲动可沿神经纤维同时向两侧传导。

（4）不衰减性　神经纤维传导冲动时，其幅度、传导速度不会因传导距离的长短而改变。

（5）相对不疲劳性　在实验条件下，连续电刺激神经纤维 9～12h，神经纤维仍然保持其传导兴奋的能力。

2. 神经纤维的传导速度

神经纤维的传导速度不同，与下列因素有关。

（1）纤维的直径　直径越大，传导速度越快。这是因为直径较大时，神经纤维的内阻较小，局部电流的强度和空间跨度较大。此外，不同直径的神经纤维膜上 Na^+ 通道密度不同，纤维粗的密度高，Na^+ 通道开放时进入膜内的 Na^+ 电流大，动作电位的形成与传导也快。

（2）髓鞘　有髓神经纤维比无髓神经纤维的传导速度快得多，这是因为在无髓神经纤维，兴奋是以局部电流方式顺序传导，而在有髓鞘的神经纤维中，郎飞结间段轴突外面包裹着很厚的髓鞘，具有高电阻、低电容的特性，髓鞘下面的轴突膜几乎不存在 Na^+ 通道；而在郎飞节处，髓鞘很薄、电阻最小，其轴突膜上又存在着高密度的电压门控 Na^+ 通道，故其兴奋传导只能从一个郎飞节向下一个郎飞节作跳跃式传导。

（3）温度　温度在一定范围内升高可使传导速度加快，如恒温动物有髓纤维的传导速度比变温动物同类纤维传导速度快；相反，温度降低则传导速度减慢，当温度降至 0℃

以下时，神经传导发生阻滞，这是临床上局部低温麻醉的机制。

二、神经胶质细胞

神经胶质细胞对神经元形态、功能的完整性和维持神经系统微环境的稳定性等都起着重要的作用。

1. 支持作用

在脑和脊髓内结缔组织很少，星形胶质细胞在脑和脊髓内相互交织成网，构成支持神经元的支架。

2. 修复和再生作用

神经胶质细胞有很强的增殖能力，尤其是在脑和脊髓受到损伤时大量增生，起到修复和再生作用。小胶质细胞可转变为巨噬细胞，清除损伤组织碎片；星形胶质细胞可通过增生填充缺损形成疤痕，但增生过强可引起脑瘤；雪旺细胞在外周神经轴突的再生中起重要作用。

3. 绝缘和屏障作用

中枢神经核外周神经纤维的髓鞘分别由少突胶质细胞和雪旺细胞构成，髓鞘可防止神经冲动传到时的电流扩散，保证传导的绝缘性。星形胶质细胞的突起形成的血管周足是血脑屏障的重要组成部分。

4. 物质代谢与营养性作用

星形胶质细胞的突起连接毛细血管和神经元，为神经元运输营养物质和排出代谢产物。星形胶质细胞能产生神经营养因子，起营养神经元的作用。

5. 维持离子平衡

神经元活动时，随着 K^+ 的释放，细胞外液中 K^+ 浓度升高，会干扰神经元的正常活动。星形胶质细胞可将细胞外液中蓄积的 K^+ 泵入细胞内，并通过细胞之间的缝隙连接迅速将 K^+ 扩散到其他神经胶质细胞，起到缓冲细胞外液 K^+ 平衡的作用。

6. 摄取与分泌神经递质

神经胶质细胞能摄取及储存邻近突触释放的神经递质，以消除递质对神经元的持续作用；摄取的神经递质可通过神经胶质细胞的代谢清除，或转变为递质前体物质供神经元再利用；神经元兴奋时，也可以引起周围的神经胶质细胞去极化，将储存的递质重新释放，反过来作用于神经元。

第二节　神经元之间的功能联系

一、两个神经元之间的信号传递——突触传递

（一）突触

一个神经元（突触前神经元）的轴突末梢与其他神经元（突触后神经元）的胞体或突起相接触处所形成的特殊结构，称为突触。此外兴奋也能从一个神经元传递给产生效应的细胞，如肌细胞或腺细胞，神经元与效应细胞相接触而形成的特殊结构也是一种特化的突触。生理学上将这种特化的突触称为接头。如神经－肌肉接头。

1. 突触的结构

突触由突触前膜、突触间隙和突触后膜构成。突触前神经元的轴突末梢分出许多小支，每个小支的末梢失去髓鞘并膨大成球状，形成突触小体。它贴附在下一个神经元的表面，构成突触。突触小体的末梢膜，称为突触前膜；与之相对的突触后神经元的胞体膜或突起膜，称为突触后膜；突触前膜与突触后膜均较一般神经元细胞膜稍厚，两膜之间的缝隙为突触间隙。在突触小体内有大量聚集的小泡称突触小泡。突触小泡内含有神经递质。在突触后膜上，有丰富的特异性受体或离子通道。

2. 突触的分类

通常根据接触的部位与功能特点对突触进行分类。

（1）按接触部位分　分为轴突－胞体、轴突－树突、轴突－轴突 3 种类型（图 10 － 2）。

（2）按突触的功能　分为兴奋性突触与抑制性突触 2 种。

（二）突触传递

神经冲动由一个神经元通过突触传递到另一个神经元的过程，称突触传递。

1. 突触传递机理

（1）兴奋性突触传递

①突触前神经元兴奋，动作电位抵达神经末梢，引起突触前膜去极化。

②去极化使前膜结构中电压门控式 Ca^{2+} 通道开放，产生 Ca^{2+} 内流。

③突触小泡与突触前膜接触、融合。

④突触小泡破裂释放兴奋性化学递质，进入突触间隙。

⑤化学递质从间隙扩散到达突触后膜，作用于后膜的特异性受体。

⑥提高突触后膜对 Na^+ 离子的通透性，化学门控 Na^+ 通道开放，引起 Na^+ 内流。

⑦使突触后膜发生局部去极化，使突触后神经元兴奋性增强，突触后膜的电位称为兴奋性突触后电位。

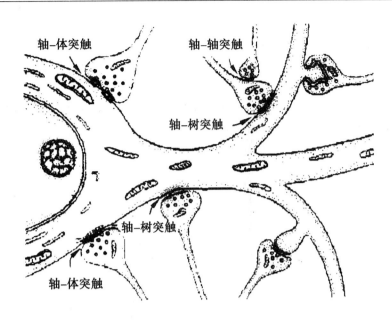

图 10-2 突触的类型

⑧递质与受体作用之后立即被分解或移除（图10-3）。

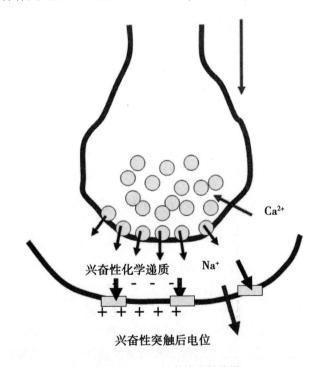

图 10-3 兴奋性突触传递

（2）抑制性突触传递

①突触前神经元兴奋，动作电位抵达神经末梢，引起突触前膜去极化。

②去极化使前膜结构中电压门控式 Ca^{2+} 通道开放，产生 Ca^{2+} 内流。

③突触小泡与突触前膜接触、融合。

④突触小泡破裂释放抑制性化学递质，化学递质扩散到突触间隙。

⑤化学递质从间隙扩散到达突触后膜，作用于后膜的特异性受体或化学门控式通道。

⑥提高突触后膜对 Cl⁻ 和 K⁺ 的通透性，引起 Cl⁻ 的内流与 K⁺ 的外流。

⑦使突触后膜发生局部超极化，这种在递质作用下出现在突触后膜的超极化，能降低突触后神经元的兴奋性，故称之为抑制性突触后电位。

⑧递质与受体作用之后立即被分解或移除（图 10 - 4）。

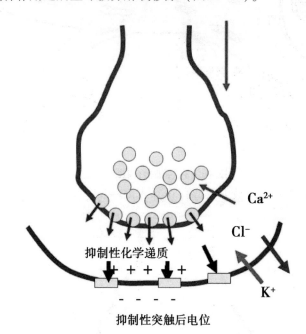

图 10 - 4　抑制性突触传递

2. 突触传递的特征

突触传递与冲动在神经纤维上的传导相比，突触的传递具有明显不同的特征。主要表现为以下特征。

（1）单向传递　因为只有突触前神经元的轴突末梢的突触前膜能释放神经递质，这就决定了突触传递只能从突触前神经元的轴突传递到突触后神经元。

（2）突触延搁　由于突触传递过程比较复杂，包括突触前膜释放递质、递质扩散到达后膜与受体结合发挥作用等多个环节，因此兴奋通过突触耗费的时间较长。

（3）总和作用　突触传递过程中，突触后神经元发生兴奋需要有多个兴奋突触后电位，才能使膜电位的变化达到阈电位水平时，从而暴发动作电位。总和作用包括空间性总和与时间性总和。空间性总和是指许多传入纤维的神经冲动同时传至同一神经元，时间性总和是指同一突触前神经末梢连续传来一系列冲动。

（4）对内环境变化的敏感性　突触部位很容易受内环境理化因素变化的影响，如 P_{O_2} 下降、P_{CO_2} 上升、麻醉剂和离子浓度变化均可改变突触传递能力。因为突触间隙与细胞外液相沟通，细胞外液中许多物质到达突触间隙而影响突触传递。

（5）易疲劳性　突触部位是反射弧中最易发生疲劳的环节。

（三）突触传递的信息物质——神经递质

1. 神经递质的定义

由突触前神经元合成，通过轴突的突触前膜释放，经突触间隙扩散，特异性地作用于突触后膜上的受体，导致信息从突触前神经元传递给突触后神经元的一些化学物质叫神经递质。

经典的神经递质符合以下条件。

①突触前神经元具有合成该递质的前体物质和酶系统，并能合成该物质。

②该递质储存于突触小泡内，当兴奋性抵达神经末梢时，能释放进入突触间隙。

③该递质经突触间隙作用于突触后膜上的特异性受体而发挥其生理作用。

④存在能使递质失活的酶或其他失活方式，如重摄取。

⑤有特异的受体激活剂或拮抗剂，能分别模拟或阻断该递质的突触传递作用。

2. 调质的概念

由神经元产生并作用于特定的受体，并不直接在神经元之间传递信息，而是调节信息传递的效率，增强或削弱递质效应的一类化学物质，称为神经调质。调质所发挥的作用称为调制。递质和调质并无明显的界限，很多活性物质既可作为递质传递信息，又可作为调质对传递过程进行调制。

3. 神经递质的种类

（1）中枢神经递质　乙酰胆碱、胺类（去甲肾上腺素、多巴胺、5-羟色胺）、氨基酸类、肽类。

（2）外周神经递质　乙酰胆碱、去甲肾上腺素和肽类。

①乙酰胆碱：全部植物性神经的节前纤维、大多数副交感神经的节后纤维、躯体神经纤维释放乙酰胆碱。

②去甲肾上腺素：大多数交感神经的节后纤维释放去甲肾上腺素。

（四）信息接受机制—受体

1. 受体的定义

细胞膜或细胞内能与某些化学物质发生特异性结合并诱发生物效应的特殊生物分子称为受体。

2. 受体激动剂和拮抗剂

能与受体发生特异性结合的化学物质称为配体。能与受体发生特异性结合并产生相应生理效应的化学物质称为受体的激动剂。能与受体发生特异性结合，不产生相应生理效应的化学物质称为受体的拮抗剂。拮抗剂与受体结合后，占据受体或改变受体的分子空间构型，使受体不能与相应的递质结合，从而阻断了递质的生理效应。

3. 受体与配体的结合的特性

（1）特异性　特定的受体只能与特定的配体结合，但特异性结合并非是绝对的，而是相对的。

（2）饱和性　细胞膜上的受体数目是有限的，因而能与受体结合的配体数也是有限的。

（3）可逆性　配体与受体可以结合，也可以解离，但不同配体的解离数目是不同的，有些拮抗剂与受体结合后很难解离，几乎为不可逆结合。

4. 主要的受体

（1）胆碱能受体　与乙酰胆碱（ACh）结合的受体称为胆碱能受体。根据其药理特性，胆碱能受体分为两大类。

①毒蕈碱受体（M受体）：位于大多数副交感神经的节后纤维和少数交感神经节后纤维所支配的效应器细胞上。

②烟碱受体（N受体）：分为 N_1 受体和 N_2 受体。

N_1 受体：主要位于交感神经的节后纤维所支配的效应器细胞上。

N_2 受体：位于躯体神经所支配的效应器细胞上。

（2）肾上腺素能受体　是与儿茶酚胺类物质结合的受体。主要位于交感神经的节后纤维所支配的效应器细胞上。分为 α 受体和 β 受体。

①α 受体：位于血管平滑肌上。

②β 受体：分为 $β_1$ 受体和 $β_2$ 受体。$β_1$ 受体位于心肌细胞上，$β_2$ 受体位于支气管、冠状动脉平滑肌细胞上。

二、多个神经元之间的功能联系——反射

神经系统中神经元的数量巨大、突触联系错综复杂，递质、受体系统多种多样。然而，神经活动的进行是遵循一定的规律的，反射则是实现神经系统功能的最基本方式。

（一）反射和反射弧

1. 反射

反射是指在中枢神经系统的参与下，机体对内、外环境变化所作出的规律性应答。

2. 反射弧

反射的结构基础和基本单位是反射弧。反射弧包括感受器、传入神经、反射中枢、传出神经和效应器。感受器一般是神经末梢的特殊结构，是一种换能装置，可将所感受到的各种刺激的信息转变为神经冲动。反射中枢通常是指中枢神经系统内调节某一特定生理功能的神经元群。传入神经由传入神经元的突起（包括周围突和中枢突）所构成，这些神经元的胞体位于背根神经节或脑神经节内，它们的周围突与感受器相连，感受器接受刺激转变为神经冲动，冲动沿周围突传向胞体，再沿其中枢突传向中枢。传出神经是指中枢传出神经元的轴突构成的神经纤维。效应器是指产生效应的器官，如骨骼肌、平滑肌、心肌和腺体等。

3. 反射的基本过程

感受器感受一定的刺激后发生兴奋，兴奋以神经冲动的形式经传入神经传向中枢；通

过中枢的分析和综合活动，中枢产生兴奋过程，中枢的兴奋经一定的传出神经到达效应器，最后效应器发生某种活动改变。如果中枢发生抑制，则中枢原有的传出冲动减弱或停止。在自然条件下，反射活动需要反射弧的结构和功能保持完整，如果反射弧中任何一个环节中断，反射都将不能进行。

（二）中枢神经元的联系方式

中枢神经元通过突触联系，构成复杂多样的联系方式。归纳起来分为辐散式、聚合式、连锁式与环式（图 10-5）。

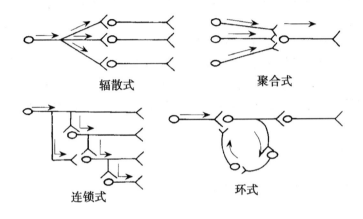

辐散式　　　　聚合式

连锁式　　　　环式

图 10-5　中枢神经元的联系方式

1. 辐散式

一个神经元的轴突通过其分支分别与许多神经元建立联系。一个神经元的兴奋引起许多其他神经元同时兴奋或抑制，从而扩大神经元活动的影响范围。

2. 聚合式

一个神经元的胞体和树突接受来自许多神经元的突触联系。使许多神经元的作用集中到同一神经元上，从而发生总和或整合。

3. 连锁式或环式

在中间神经元之间的联系中，辐散式与聚合式可同时存在，有时还形成连锁式与环式联系。兴奋通过连锁式联系，可在空间上加强或扩大作用范围。一个神经元通过其轴突侧支与多个神经元建立突触联系，而后神经元通过其轴突，又回返性地与原来的神经元建立突触联系，形成一个闭合环路，称为环式。兴奋通过环式联系可对神经元的活动进行正反馈或负反馈调节。

三、中枢抑制

在中枢反射活动中，既有兴奋，也有抑制，二者密切配合协调反射活动。如屈肌反射时，伸肌反射被抑制。中枢抑制主要通过突触抑制实现，根据产生的机制和部位，可分为突触后抑制和突触前抑制。

（一）突触后抑制

突触后抑制是突触后膜出现抑制性突触后电位引起的。分为传入侧枝性抑制和返回性抑制。

1. 传入侧枝性抑制

在感觉传入纤维进入脊髓并兴奋某一中枢神经元的同时，又发出侧枝兴奋另一个抑制性中间神经元，通过该抑制中枢神经元的活动转而抑制另一个中枢神经元。因此又称交互抑制，这种抑制的生理意义是使不同中枢之间的活动相互协调。

2. 回返性抑制

是指某一中枢神经元兴奋时，在其冲动沿轴突外传的同时，又经其轴突侧枝兴奋另一个抑制性神经元。该抑制性神经元兴奋后再抑制原先发放兴奋的神经元及同一中枢的其他神经元。属于负反馈调节过程。这种抑制的生理意义是及时终止神经元的活动，并促进同一中枢内许多神经元之间的活动同步化，对神经元的活动在时间上和强度上进行及时的修正。

（二）突触前抑制

突触前抑制发生在轴突－轴突型突触。

1. 发生机制

轴突 2 兴奋时释放的兴奋性递质使轴突 1 突触前末梢部分去极化，跨膜电位降低。当轴突 1 再兴奋时，产生的动作电位幅度变小，其末梢释放的递质减少，结果使神经元 3 的兴奋性突触后电位减小或不能产生。

2. 特征

潜伏期较长，持续时间长。

3. 生理意义

可能是控制从外周传入中枢的感觉信息，对感觉传入的调节具有重要的作用。

第三节　神经系统的感觉功能

神经系统反映机体内外环境变化的特殊功能称为感觉。感觉的产生首先是由体内外的感受器或感觉器官感受刺激，并将各种各样的刺激能量转换成在传入神经上传导的动作电位，并通过各自的神经通路传向中枢，经中枢神经分析综合后，到达大脑皮层的特定区域形成感觉。因此感觉是由感受器、传入系统和大脑皮层感觉中枢 3 部分共同活动而产生的。

一、感受器

感受器是指分布在体表或组织内部，感受机体内、外环境变化的结构或装置。根据感受器的分布位置和所接受刺激的来源，可分为外感受器和内感受器。

（一）外感受器

外感受器分布于皮肤和体表，接受来自外界环境的刺激。外感受器又分为距离感受器和接触感受器。

（1）距离感受器 如视觉、听觉和嗅觉感受器。

（2）接触感受器 如触觉、压觉、味觉和温度觉感受器等。

（二）内感受器

内感受器分布于内脏和躯体深部，接受来自机体内部的刺激。内感受器又可分为本体感受器和内脏感受器。

（1）本体感受器 位于肌肉、肌腱、关节和迷路等处的感受器。

（2）内脏感受器 位于内脏和血管上的感受器等。

若根据感受器所接受的刺激的性质，可分为机械感受器、温度感受器、光感受器和化学感受器等。

二、感觉传导通路

躯体感觉传导通路一般由三级神经元接替：第一级神经元胞体一般位于脊髓背根神经节或脑神经节内，第二级神经元一般位于脊髓或脑干内，第三级神经元位于丘脑。

（一）脊髓的感觉传导通路

来自各感受器的神经冲动，除通过脑神经传入中枢的以外，大部分经脊神经背根进入脊髓，然后分别经由各自的前行传导路径传至丘脑，再经换元抵达大脑皮层感觉区。由脊髓前传到大脑皮层的感觉传导路径可分为两大类。

1. 浅感觉传导路径

浅感觉传导路径传导痛、温觉与轻触觉。其传入纤维由背根进入脊髓，在背角更换神经元后，再发出纤维在中央管前交叉到对侧，分别经脊髓–丘脑侧束（传导痛觉、温觉）和脊髓–丘脑腹束（传导轻触觉）前行抵达丘脑。

浅感觉传导路径的特点是先交叉后前行。因此，脊髓半断离后，浅感觉障碍发生在断离的对侧。

2. 深感觉传导路径

深感觉传导路径传导肌肉本体感觉和深部压觉。其传入纤维由背根内侧部进入脊髓后，即在同侧背索前行，抵达延髓下部薄束核与楔束核更换神经元，换元后其纤维交叉到对侧，经内侧丘系至丘脑。

深感觉传导路径的特点是先前行后交叉。因此，脊髓半断离后，深感觉障碍发生在断离的同侧。

（二）丘脑感觉投射系统

大脑皮质不发达的动物，丘脑是感觉的高级中枢。大脑皮质发达的动物，丘脑接受除嗅觉外的所有感觉的投射，是最重要的感觉接替站，可进行感觉的粗略分析和综合。

1. 丘脑核团分类

根据神经联系和感觉功能特点，丘脑核团分以下 3 类。

（1）感觉接替核　主要包括后腹核、内侧膝状体和外侧膝状体。

（2）联络核　主要包括丘脑枕核、外侧腹核和丘脑前核。

（3）髓板内核群　主要包括中央中核、束旁核和中央外侧核。

2. 丘脑的感觉投射系统

可分为 2 类，即特异投射系统与非特异投射系统。

（1）特异投射系统　指丘脑感觉接替核发出的纤维投射到大脑皮层特定区域，具有点对点投射关系的感觉投射系统。

①浅感觉的传导：传入纤维由脊神经节（第一级神经元）到背根进入脊髓，在背角更换神经元（第二级神经元），再发出纤维在中央管前交叉到对侧，经脊髓到达丘脑，在丘脑的接替核更换神经元（第三级神经元），发出的纤维投射到大脑皮质的特定区（图 10－6）。

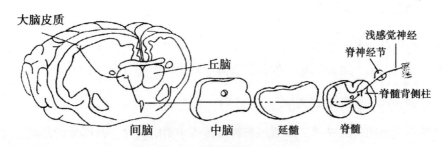

图 10－6　浅感觉特异投射系统

②深感觉的传导：传入纤维由脊神经节（第一级神经元）到背根进入脊髓，在同侧脊髓背索前行，到达延髓更换神经元（第二级神经元），再发出纤维交叉到对侧，前行到达丘脑，在丘脑的接替核更换神经元（第三级神经元），发出的纤维投射到大脑皮质的特定区（图 10－7）。

特异性投射系统的特点：点对点的投射，产生特定的感觉。

（2）非特异投射系统　是指丘脑的髓板内核群弥散地投射到大脑皮质广泛区域，非专一感觉投射系统。

特异性投射系统的第二级神经元发出纤维，经脑干网状结构时，发出侧支，在脑干网状结构内多次更换神经元，到达丘脑髓板内核群，更换神经元，发出的纤维投射到大脑皮

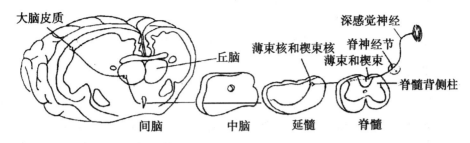

图 10 - 7　深感觉特异投射系统

质的广泛区（图10 - 8）。

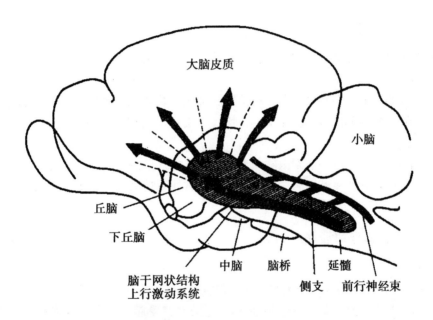

图 10 - 8　非特异投射系统示意图

非特异性投射系统的特点：不产生特定的感觉，不同感觉共同前行，提高大脑皮质的兴奋性，维持大脑皮质的觉醒状态。

三、大脑皮层的感觉分析功能

各种感觉传入冲动最后到达大脑皮层，通过精细的分析、综合而产生相应的感觉。因此，大脑皮层是感觉分析的最高级中枢。皮层的不同区域在感觉功能上具有不同的分工，不同的感觉在大脑皮层有不同的代表区。

①躯体感觉区位于大脑皮层的顶叶，产生触觉、压觉、温觉和痛觉以及本体感觉。

②视觉感觉区在枕叶距梨状裂的两侧。

③听觉感觉区在颞叶外侧。

④嗅觉感觉区在边缘叶的前梨状区和大脑基底的杏仁核。

⑤味觉感觉区在颞叶外侧裂附近。

⑥内脏感觉区在边缘叶的内侧面和皮层下的杏仁核等部。

四、痛觉

疼痛指动物对伤害性或潜在伤害性刺激的感觉。疼痛发生常伴随植物性反应，如肾上腺素分泌、血压升高、血糖升高等。疼痛可作为机体受损害时的一种警报系统，对机体起着保护作用。但疼痛特别是慢性疼痛或剧痛，往往使动物深受折磨，导致机体功能失调，甚至发生休克。伤害性感受器广泛分布于皮肤、肌肉、关节和内脏器官。

（一）皮肤痛觉

伤害性刺激作用皮肤时，可先后出现快痛与慢痛 2 种性质的痛觉。

1. 快痛

快痛又称第一痛或急性痛，是一种尖锐的刺痛。其特点是产生和消失均迅速，感觉清楚，定位明确，常引起快速的防卫反射，快痛一般属于生理性疼痛。

2. 慢痛

慢痛又称第二痛，一般在刺激后 $0.5 \sim 1.0s$ 才能感觉到。其特点是定位不明确，持续时间较长，为一种强烈而难以忍受的烧灼痛，通常伴有情绪反应及心血管与呼吸等方面的反应，慢痛一般属于病理性疼痛。

（二）内脏痛与牵涉痛

1. 内脏痛

内脏痛是伤害性刺激作用于内脏器官引起的疼痛，可分以下 2 类。

（1）体壁的浆膜痛　如胸膜、腹膜和心包膜受到炎症、压力、摩擦或牵拉等伤害性刺激时所产生的疼痛。痛的性质类似深部躯体疼痛，较为弥散和持久。

（2）脏器痛　内脏感受器受到伤害性刺激，或内脏本身被急性扩张、缺血、痉挛所引起的。

内脏痛是临床上常见的症状，常为病理性疼痛。

2. 牵涉痛

某些内脏疾病往往可引起体表一定部位发生疼痛或痛觉过敏，这种现象称为牵涉痛。每一内脏有特定牵涉痛区，牵涉痛并非内脏痛所有，深部躯体痛、牙痛也可发生牵涉痛。产生牵涉痛的机制，有会聚学说和易化学说。

（1）会聚学说　认为患病内脏的传入纤维与被牵涉部位的皮肤传入纤维，由同一背根进入脊髓同一区域，聚合于同一脊髓神经元，并由同一纤维上传入脑，在中枢内分享共同的传导通路。由于大脑皮层习惯于识别来自皮肤的刺激，因而误将内脏痛当做皮肤痛，故产生牵涉痛。

（2）易化学说　认为内脏痛觉的传入冲动，可提高内脏－躯体会聚神经元的兴奋性，易化了相应皮肤区域的传入，可导致牵涉痛觉过敏。

五、嗅觉和味觉

嗅觉和味觉的感受器都是特殊分化了的外部感受器。嗅觉是由气体状态的化学物质刺激鼻黏膜嗅细胞所引起的感觉。味觉是由溶解状态的化学物质刺激味蕾所引起的感觉。这两种感觉在鉴别化学物质上，既互相联系又相互影响，对于选择食物和防止有害物质侵入体内有重要作用。

第四节　神经系统对躯体运动的调节

躯体运动是动物对外界环境变化产生的应答反应的主要方式。任何形式的躯体运动，都以骨骼肌的活动为基础，来进行姿势和位置的改变。而且必须在神经系统各个部位的调节下才能完成。

一、脊髓对躯体运动的调节

脊髓是躯干和四肢骨骼肌反射的低级中枢所在，通过脊髓可以完成一些较简单的反射活动。包括牵张反射、屈反射和交叉伸肌反射等。

（一）牵张反射

牵张反射是指由神经支配的骨骼肌在受到外力牵拉而伸长时，能引起受牵拉的肌肉收缩的反射活动。牵张反射有两种类型，即腱反射和肌紧张。

1. 腱反射

腱反射又称位相性牵张反射，是在快速牵拉肌腱时发生的牵张反射，表现为被牵拉肌肉迅速而明显的缩短。例如，快速叩击股四头肌肌腱，可使股四头肌受到牵拉而发生一次快速收缩，引起膝关节伸直，称膝反射。临床上常通过检查腱反射来了解神经系统的功能状态。

2. 肌紧张

肌紧张又称紧张性牵张反射，是指缓慢而持续地牵拉肌腱所引起的牵张反射，表现为受牵拉肌肉发生紧张性收缩，致使肌肉经常处于轻度的收缩状态。肌紧张是维持躯体姿势最基本的反射活动。

（二）屈反射与交叉伸肌反射

1. 屈反射

肢体皮肤受到伤害刺激时，一般常引起受刺激侧肢体的屈肌收缩、伸肌舒张，使肢体屈曲，称为屈反射。如火烫、针刺皮肤时，该侧肢体立即缩回。

其目的在于避开有害刺激，对机体有保护意义。屈反射是一种多突触反射，其反射弧的传出部分可支配多个关节的肌肉活动。该反射的强弱与刺激强度有关，其反射的范围可随刺激强度的增加而扩大。如趾部受到较弱的刺激时，只引起跗关节屈曲，随着刺激的增强，膝关节和髋关节也可以发生屈曲。

2. 交叉伸肌反射

当刺激加大达一定强度时，则对侧肢体的伸肌也开始激活，可在同侧肢体发生屈反射的基础上，出现对侧肢体伸直的反射活动，称为交叉伸肌反射。该反射是一种姿势反射，当一侧肢体屈曲造成身体平衡失调时，对侧肢体伸直以支持体重，从而维持身体的姿势平衡。

二、脑干对肌紧张和姿势的调节

脑干除了有神经核以及与它相联系的前行和后行神经传导束外，还有纵贯脑干中心的网状结构。脑干网状结构是中枢神经系统中最重要的皮层下整合调节机构（图 10 - 9）。

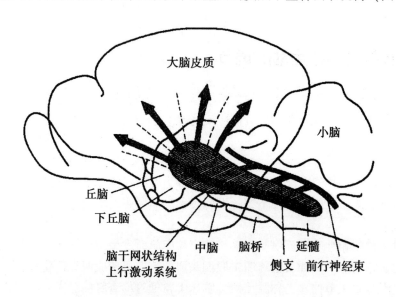

图 10 - 9 脑干网状结构下行易化和抑制系统示意图

（一）脑干对肌紧张的调节

1. 脑干网状结构易化区和抑制区

脑干网状结构是由散在分布的神经元和纵横交错的神经网络构成的神经结构。其主体位于脑干的中央部，起自延髓、脑桥、中脑、下丘脑直达丘脑的腹部。网状结构中的神经纤维前方与大脑皮层相连接，向后与脊髓的神经元相连接，分为易化区和抑制区。

（1）易化区 加强肌紧张和肌肉运动，自身发放神经冲动。易化区较大，包括延髓网状结构的背外侧部分、脑桥被盖、中脑的中央灰质与被盖等脑干中央区域。易化肌紧张的中枢部位除网状易化区外，还有脑干外神经结构，如前庭核、小脑前叶两侧部等部位，它们共同组成易化系统。脑干外神经结构的易化功能是通过网状结构易化区的活动来完成的。

（2）抑制区　抑制肌紧张和肌肉运动，不能自身发放神经冲动，受大脑皮质运动区、纹状体传来的始动作用，才能发挥作用。该区较小，位于延髓网状结构的腹内侧部分。抑制肌紧张的中枢部位除网状结构抑制区外，大脑皮层运动区、纹状体与小脑前叶蚓部等脑干外神经结构，也参与抑制系统的组成。这些脑干外神经结构不仅可通过网状结构抑制区的活动抑制肌紧张，而且能控制网状结构易化区的活动，使其受到抑制。一般说来，网状结构抑制区本身无自发活动，它在接受上述各高位中枢传入的始动作用时，才能发挥后行抑制作用。否则，抑制区就不能维持其对脊髓反射的抑制作用。

在正常情况下，易化与抑制肌紧张的中枢部位，两者活动相互拮抗而取得相对平衡，以维持正常肌紧张。但从活动的强度来看，易化区的活动较抑制区强，因此在肌紧张的平衡调节中，易化区略占优势。

2. 去大脑僵直

在中脑上、下丘之间横断脑干的去大脑动物，会立即出现全身肌紧张、特别是伸肌肌紧张过度亢进，表现为四肢伸直、头尾昂起、脊柱挺硬的角弓反张现象，称为去大脑僵直（图 10 - 10）。

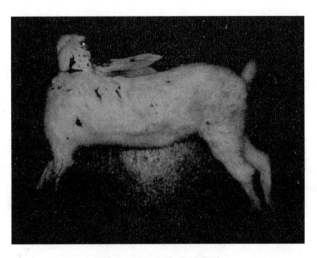

图 10 - 10　兔去大脑僵直

在去大脑动物中，由于切断了大脑皮层运动区和纹状体等神经结构与脑干网状结构的功能联系，使抑制区失去了高位中枢的始动作用，削弱了抑制区的活动；而与网状结构易化区有功能联系的神经结构虽也有部分被切除，但因易化区本身存在自发活动，而且前庭核的易化作用依然保留，所以易化区的活动仍继续存在。因此，易化系统与抑制系统的活动失去平衡，使易化系统的活动占有显著优势。由于这些易化作用主要影响抗重力肌的作用，故主要导致伸肌肌紧张加强，而出现去大脑僵直现象（如兔瘟）。

（二）脑干对姿势的调节

中枢神经系统通过骨骼肌的肌紧张或产生相应的运动以保持或调整动物躯体在空间的姿势，称为姿势反射。包括状态反射、翻正反射。

1. 状态反射

因头部和躯干部的相对位置或头部在空间的位置改变，引起的躯体肌肉紧张性改变的反射活动（图10－11）。

图10－11　状态反射

A. 头俯下时　B. 头上仰时　C. 头弯向右侧时　　D. 头弯向左侧时

2. 翻正反射

当动物被推倒或使它从空中仰面下落，它能迅速翻身、起立或改变为四肢朝下的姿势着地，这复杂的反射称翻正反射（图10－12）。

图10－12　翻正反射

三、小脑对躯体运动的调节

小脑是躯体运动调节的重要中枢。它通过3条途径与脑的其他部分联系，从而发挥对躯体运动的调节作用。

① 通过与前庭系统的联系，维持身体平衡。

② 通过与中脑红核等部位的联系，调节全身的肌紧张。

③ 通过与丘脑和大脑皮层的联系，协调与控制躯体的随意运动。

破坏动物的小脑，导致肌肉软弱无力，肌紧张降低，平衡失调，站立不稳，四肢分开，步态蹒跚，体躯摇摆，容易跌倒。

四、基底神经节对躯体运动的调节

大脑皮层下一些主要在运动调节中起重要作用的神经核群，称为基底神经节。主要包括尾核、壳核和苍白球，三者合称纹状体。基底神经节的主要作用是调节肌紧张，稳定或协调躯体的随意运动。在人类，基底神经节损伤可引起一系列运动功能障碍，其临床表现主要分两大类：一类是运动过少，肌紧张亢进，肌肉僵直或震颤等；另一类是运动过多，肌紧张低下的综合征，如舞蹈病和肢体徐动症等。

五、大脑皮层对躯体运动的调节

大脑皮层是中枢神经系统控制和调节躯体运动的最高级中枢，它通过锥体系和锥体外系这两条运动传导通路实现的。

（一）锥体系

锥体系是由大脑皮层运动区发出，控制躯体运动的后行系统。大脑皮层运动区内存在着许多大锥体细胞，这些细胞发出粗大的下行纤维组成锥体系。包括皮层脊髓束（锥体束）与皮层脑干束。锥体束一般是指由皮层发出、经内囊和延髓锥体交叉到对侧，下行到达脊髓腹角的传导束；皮层脑干束由皮层发出、经内囊抵达脑干内各脑神经运动神经元，虽不通过锥体，但在功能上与皮层脊髓束相同，所以也包括在锥体系的概念之中。皮层脊髓束通过脊髓腹角运动神经元支配四肢和躯干的肌肉，皮层脑干束则通过脑神经运动神经元支配头面部的肌肉（图 10 - 13 和图 10 - 14）。

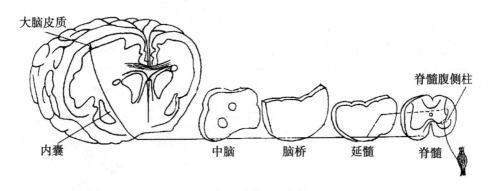

图 10 - 13　锥体系（侧面）

（二）锥体外系

锥体外系是指锥体系的调节躯体运动的后行系统。除了大脑皮层运动区外，其他皮层运动区也能引起对侧或同侧躯体某部分的肌肉收缩。这部分和皮质下神经结构发出的下行

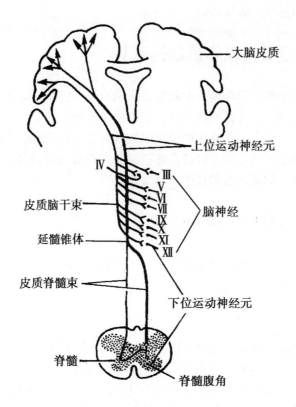

图 10 – 14 锥体系（背侧）

纤维，大部分组成锥体外系统。该系统调节肌肉群活动，主要是调节肌紧张，使躯体各部分协调一致。如家畜前进时，四肢运动能协调配合（图 10 – 15 和图 10 – 16）。

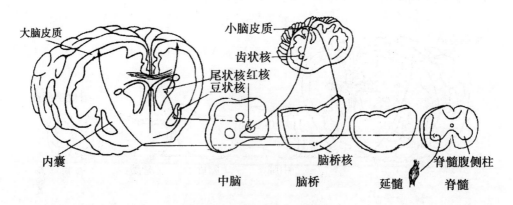

图 10 – 15 锥体外系（侧面）

锥体系的主要功能是产生随意运动，控制小组肌肉群的精细运动。锥体外系的主要功能是调节肌紧张，维持身体姿势，协调大组肌肉群的运动。实际上，大脑皮层的运动功能都是通过锥体系与锥体外系的协同活动实现的，在锥体外系保持肢体稳定、适宜的肌张力和姿势协调的情况下，锥体系执行精细的运动。

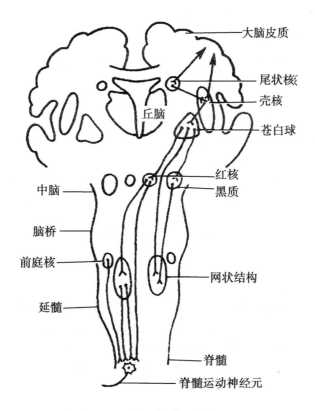

图 10 – 16　锥体外系（背侧）

第五节　神经系统对内脏活动的调节

内脏活动受植物性神经支配，包括交感神经和副交感神经。

一、植物性神经对效应器的支配特点

1. 对同一效应器的双重支配

除少数器官外，一般组织器官都接受交感神经和副交感神经的双重支配，而交感神经和副交感神经的作用往往又是相互拮抗的。例如，迷走神经对心脏活动具有抑制作用，交感神经则具有兴奋作用。这样使神经系统能从正反两方面灵敏地调节内脏的活动，以适应机体当时的需要。有时交感神经和副交感神经也表现为协同的作用。例如，支配唾液腺的交感神经和副交感神经对唾液分泌均有促进作用，但也有差别，前者引起的唾液分泌量少而黏稠，而后者引起的唾液分泌多而稀薄。

2. 紧张性作用

在静息状态下植物性神经常发放低频的神经冲动支配效应器的活动，这种作用称为紧张性作用。例如，切断支配心脏的迷走神经后心率即加快，说明迷走神经对心脏的紧张性作用是抑制性的，而切断心交感神经时心率即减慢，说明交感神经对心的紧张性作用是兴奋性的。说明交感神经和副交感神经对心脏的支配都具有紧张性作用。

3. 效应器所处功能状态的影响

植物性神经的外周性作用与效应器本身的功能状态有关。例如，刺激交感神经可引起未孕动物子宫的运动受到抑制，却可加强已孕子宫的运动（作用的受体不同）。又如，刺激迷走神经，可使处于收缩状态的胃幽门舒张，而舒张状态的胃幽门则收缩。

4. 对整体生理功能调节的意义

当动物遇到各种紧急情况，例如，剧烈运动、失血、紧张、窒息、恐惧和寒冷时，交感神经系统的活动明显增强（同时肾上腺髓质分泌也增加），表现为一系列交感－肾上腺髓质系统活动亢进的现象。例如，心率增快，心缩力增强，皮肤与腹腔内脏血管收缩，血液贮存库排出血液以增加循环血量，使动脉血压升高。此外，还可出现肝糖原分解加速、血糖浓度升高，肾上腺素分泌增加等反应。其主要作用是动员体内许多器官的潜在能力，帮助机体渡过紧急情况，以提高机体对环境急变的适应能力。

相比之下，副交感神经系统活动的范围比较局限，往往在安静时活动较强。它的活动常伴有胰岛素的分泌，故称之为迷走－胰岛素系统。这个系统的作用主要是保护机体、休整恢复、促进消化、积聚能量以及加强排泄和生殖等方面的功能。例如，机体在安静时副交感神经活动加强，此时心脏活动抑制、瞳孔缩小、消化机能增强以促进营养物质吸收和能量补充等。

二、植物性功能的中枢性调节

1. 脊髓对内脏活动的调节

交感神经和部分副交感神经发源于脊髓灰质侧角或相当于侧角的部位，说明脊髓是内脏反射活动的初级中枢。它整合着简单的植物性反射，主要是局部的阶段性反射活动。常见的反射中枢有排粪反射中枢、排尿反射中枢、性反射中枢、出汗与竖毛肌反射中枢等。

2. 脑干对内脏活动的调节

由延髓发出的副交感神经传出纤维，支配头面部所有的腺体、心脏、支气管、喉头、食管、胃、胰腺、肝和小肠等；同时脑干网状结构中也存在许多与内脏活动有关的生命活动中枢，如呼吸中枢、心血管活动中枢、咳嗽中枢、呕吐中枢、吞咽中枢和唾液分泌中枢等。

3. 下丘脑对内脏活动的调节

下丘脑有较高级的调节内脏活动的中枢。它能把内脏活动和其他生理活动联系起来，调节体温、营养摄取、水平衡、内分泌、情绪反应和生物节律等生理过程。

4. 大脑皮层对内脏活动的调节

大脑皮质边缘叶是调节内脏活动的高级中枢，能调节许多低级中枢的活动，其调节作用复杂而多变。

第六节 脑的高级功能

反射活动是中枢神经系统的基本活动形式。反射活动分为条件反射和非条件反射。非条件反射是先天通过遗传获得的反射，是大脑皮质特有的功能；条件反射是后天建立起来的反射。

一、经典条件反射建立的基本条件

①一般无关刺激要先于非条件刺激而出现。

②条件反射的建立要求无关刺激与非条件刺激在时间上多次结合。

③条件反射的建立与动物机体的状态和周围的环境有密切的关系，动物要健康、清醒、食欲旺盛，环境要避免嘈杂干扰。处于饱食状态的动物很难建立食物性条件反射，动物处于困倦状态时也很难建立条件反射。

二、条件反射的泛化、分化和消退

当一种条件反射建立后，若给予和条件刺激相近似的刺激，也可获得条件刺激效果，引起同样条件反射，这种现象称为条件反射的泛化。它是由于条件刺激引起大脑皮层兴奋向周围扩散所致。如果这种近似刺激得不到非条件刺激的强化，该近似刺激就不再引起条件反射，这种现象称为条件反射的分化。而条件反射的消退是指在条件反射建立以后，如果仅使用条件刺激，而得不到非条件刺激的强化，条件反射的效应就会逐渐减弱，直至最后完全消退。

三、条件反射和非条件反射的区别

（一）非条件反射

①非条件反射是通过遗传获得的先天性反射活动，它能保证机体各种基本的生命活动的正常进行。

②非条件反射是神经系统反射活动的低级形式，是动物在种族进化中固定下来的，而且也是外界刺激与机体反应间的联系。它有固定的反射弧，不受客观条件影响而改变。

③非条件反射的反射中枢多数在皮层下部位，切除大脑皮层后，这种反射还存在。

④非条件反射的数量有限的。能引起非条件反射的刺激称为非条件刺激，如食物接触动物口腔，就会引起唾液分泌。食物是非条件刺激，唾液分泌是非条件反射。

⑤非条件反射是条件反射的基础。

（二）条件反射

①条件反射是后天建立起来的反射。

②条件反射是神经系统反射活动的高级形式，是动物在个体生活过程中获得的外界刺激与机体反应间的暂时联系。它没有固定的反射弧，易受客观条件影响而改变。

③条件反射的反射中枢在大脑皮层下，切除大脑皮层后，条件反射消失。

④条件反射的数量是无限的。能引起条件反射的刺激称为条件刺激。条件刺激在条件反射形成之前，对这个反射还是一个无关刺激，只有条件反射建立之后，才能称为条件刺激。

⑤条件反射影响非条件反射。

四、条件反射的生物学意义

①动物在后天生活中建立了大量的条件反射，可大大扩充机体的反射活动范围，增强动物活动的预见性和灵活性，从而更加提高机体对环境变化的适应能力。

②条件反射的数量无限，并具有可塑性，既可强化，又可消退。人类可以利用这种可塑性，使动物按人们的意志建立大量条件反射，便于科学饲养管理和合理使用，以提高动物的生产性能。

五、家畜的动力定型

家畜在一系列有规律的条件刺激与非条件刺激结合的作用下，经过反复多次的强化，神经系统能够巩固地建立起一整套有规律的、与其生活环境相适应的条件反射活动，这种整套的条件反射成为动力定型。

动力定型使家畜所有的活动都十分迅速而高度精确的适应环境。如果动力定型建立得十分巩固，只要动力定型中的第一个条件刺激出现，就可使一整套的反射活动有次序地出现。动力定型的原理对于畜牧业生产管理有重要的指导意义。

第十一章 内分泌

第一节 概　　述

家畜的腺体分为两大类，即外分泌腺和内分泌腺。外分泌腺的分泌物一般由导管排出，称为有管状腺。内分泌腺的分泌物无导管排出，而直接进入血液或淋巴，又称无管腺。如肝、胰和唾液腺。内分泌系统由内分泌腺和内分泌细胞构成。内分泌腺包括内分泌器官和内分泌组织。内分泌器官指结构上独立存在，肉眼可见。如垂体、松果体、肾上腺、甲状腺和甲状旁腺。内分泌组织指散在于其他器官之内的内分泌细胞团块，如胰中的胰岛、睾丸内的间质细胞、肾小球旁器、卵巢内的卵泡细胞和黄体。内分泌细胞指具有内分泌功能单个存在于许多器官中，如胃肠内分泌细胞，神经内分泌细胞。内分泌系统的分泌物为激素。

一、激素概念及其分类

（一）激素概念

激素指内分泌系统分泌的传递调节信息的生物活性物质，这类物质经组织液或血液进行传递，诱导靶器官或靶细胞产生特殊的生理效应。

（二）激素的作用

1. 维持内环境的稳态
①激素参与水和电解质的平衡。
②激素调节机体的酸碱平衡。
③激素调节血压。
④激素参与应激反应。
⑤激素与神经系统、免疫系统协调，构成神经-内分泌-免疫调节网络，整合机体功能，适应内、外环境的变化。
2. 调节新陈代谢
多种激素参与细胞的物质和能量代谢，维持机体的营养和能量的平衡。
3. 维持生长和发育
促进全身组织细胞的发育，保证各器官的正常生长发育和功能活动。

4. 调节生殖过程

控制生殖器官的发育和成熟以及各种生殖活动，促进生殖细胞的生成，保证个体生命的延续。

（三）激素的分类

按照化学结构的不同，激素可以分为两大类。

1. 含氮激素

（1）蛋白质激素　主要有腺垂体激素、胰岛素和甲状旁腺激素等。

（2）肽类激素　包括下丘脑调节肽、神经垂体激素、降钙素和消化道激素等。

（3）胺类激素　包括去甲肾上腺素、肾上腺素和甲状腺激素等。

2. 类固醇（甾体）激素

主要有由肾上腺皮质和性腺分泌的激素，胆固醇的衍生物—1，25-二羟维生素 D_3 ［1，25（OH）$_2$D$_3$］也属类固醇激素。

二、激素作用的一般特性

（一）信息作用

激素在细胞与细胞之间进行信息传递时，并不涉及成分的添加和能量的提供，仅起着"信使"作用，将生物信息传递给靶细胞，其作用是调节细胞固有的生理生化反应，加速或减慢细胞内的新陈代谢的速度。

（二）高效作用

激素是一种高效能的生物活性物质，在体内含量很少，在血液中的浓度一般在百分之几微克以下，但对机体的生长发育、新陈代谢都有着非常重要的调节作用。如 $0.1\mu m$ 肾上腺素就能使血压升高。

（三）特异作用

各种激素的作用都有一定的特异性，即某一激素只能对特定的细胞或器官产生调节作用。但一般没有种间的特异性。

（四）相互作用

当多种激素共同参与调节某一生理活动时，激素与激素之间通常存在着协同和拮抗作用。

三、激素传递方式

（一）远距分泌

激素由血液运输到距分泌部位较远的靶组织发挥作用的方式，称为远距分泌，又称内分泌，如腺垂体激素等。

（二）旁分泌

有些内分泌细胞分泌的激素，可以不经血液运输，仅通过组织液扩散直接作用于邻近的细胞，这种方式称为旁分泌，如胃肠激素等。

（三）自分泌

激素被分泌到细胞外以后，又返转作用于分泌该种激素的细胞自身，发挥自我反馈调节作用，这种方式称为自分泌，如前列腺素等。

（四）神经分泌

一些形态和功能都具有神经元特征的神经内分泌细胞，其轴突末梢向细胞间液分泌神经激素传递信息的方式称为神经分泌或神经内分泌，如下丘脑神经肽等。

四、激素的作用机制

（一）激素的受体

1. 膜受体
分布于细胞膜表面或细胞膜中，是大部分含氮类激素的受体。
2. 胞浆受体
分布于胞浆内，类固醇激素的受体。
3. 核受体
分布于细胞核，胞浆受体复合物的受体。

（二）含氮类激素的作用机制

含氮激素的作用机制又称为第二信使学说。第二信使学说是 1965 年由 Sutherland 学派提出的，该学说认为含氮激素是第二信使，含氮类激素分子比较大，不能进入靶细胞，可与靶细胞膜上具有立体构型的专一性受体结合，形成激素膜受体复合物，来激活膜上的腺苷酸环化酶（AC）系统。在 Mg^{2+} 存在的条件下，AC 催化三磷酸腺苷（ATP）→二磷酸腺苷（ADP）→一磷酸腺苷（AMP）→环磷酸腺苷（cAMP）。cAMP 可激活细胞质中蛋白激酶 A（PKA），继而激活磷酸化酶并催化细胞内磷酸化反应，引起靶细胞特定的生理效应：腺细胞分泌、肌细胞收缩与舒张、神经细胞膜电位变化、细胞通透性改变、细胞分裂与分化以及各种酶促反应等（图11-1）。PKA 也可进入细胞核，激活某些转录因子，调控 DNA 的转录过程。由于许多含氮激素与膜受体结合后均在细胞内生成 cAMP，进而引发靶细胞的生物学效应。因此，称 cAMP 为第二信使。

后来的研究证明，除了 cAMP 以外，cGMP、三磷酸肌醇（IP_3）、二酰甘油（DG）及 Ca^{2+} 等均可作为第二信使。研究也证明，细胞内的蛋白激酶除 PKA 外，还有蛋白激酶 C（PKC）和蛋白激酶 G（PKG）等。

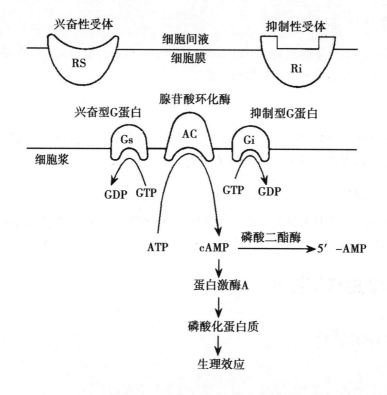

图 11 - 1　含氮类激素的作用机制

（三）类固醇激素作用机制

类固醇激素作用机制又称基因表达学说。类固醇激素分子比较小，呈脂溶性，能进入靶细胞，与胞浆受体结合，形成激素 - 胞浆受体复合物，使受体蛋白构型发生变化，获得透过核膜的能力而移至核内，胞浆受体复合物与核受体结合，形成激素-核受体复合物，启动 DNA 的转录过程，生成新的 mRNA，诱导新蛋白质合成，引起相应的生理效应（图11 - 2）。

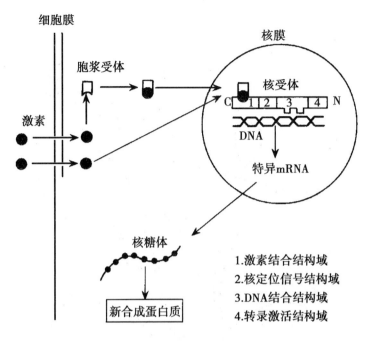

1.激素结合结构域
2.核定位信号结构域
3.DNA结合结构域
4.转录激活结构域

图 11 - 2　类固醇激素的作用机制

第二节　内分泌腺

一、下丘脑的内分泌

（一）下丘脑的神经内分泌细胞

下丘脑许多核团的神经元具有内分泌细胞结构特点，称为下丘脑的神经内分泌细胞，它们能分泌肽类激素或神经肽，统称为肽能神经元。下丘脑肽能神经元分为小细胞肽能神经分泌系统（神经内分泌小细胞）和大细胞肽能神经分泌系统（神经内分泌大细胞）两大系统。小细胞肽能神经元，它们的轴突末梢终止于正中隆起处垂体门脉系统的第一级毛细血管网，分泌的激素经垂体门脉系统运送至腺垂体，调节腺垂体的分泌活动。大细胞神经元，细胞体积大，轴突末梢终止于神经垂体，激素经轴突运送至神经垂体贮存，由垂体释放入血（图 11 - 3）。

（二）下丘脑分泌的激素

下丘脑神经内分泌细胞分泌的激素包括：促甲状腺激素释放激素、促肾上腺皮质激素释放激素、促性腺激素释放激素、生长激素释放激素和生长抑素、催乳素释放因子和催乳

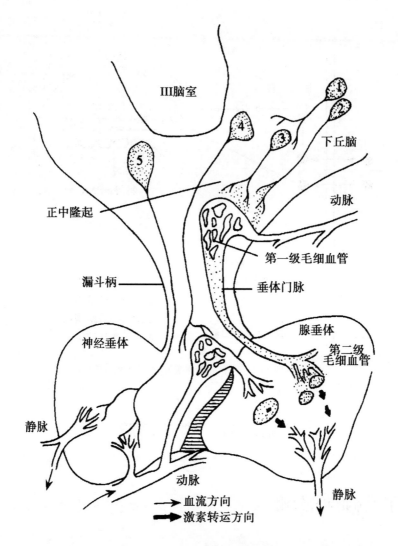

III脑室

4

3

5

下丘脑

正中隆起

动脉

第一级毛细血管

漏斗柄

垂体门脉

神经垂体

腺垂体

第二级
毛细血管

静脉

动脉

→ 血流方向

➡ 激素转运方向

静脉

图11-3 下丘脑-垂体功能单位

素释放抑制因子、促黑激素释放因子和促黑激素释放抑制因子。下丘脑促垂体区的肽能神经元分泌的肽类激素统称为下丘脑调节肽。其作用见表11-1。

表11-1 下丘脑分泌的激素作用

激素种类	英文缩写	主要作用
1. 促甲状腺激素释放激素	TRH	促进腺垂体合成和释放促甲状腺激素
2. 促肾上腺皮质激素释放激素	CRH	促进腺垂体合成和释放促肾上腺皮质激素
3. 促性腺激素释放激素	GnRH	促进腺垂体合成和释放促性腺激素
4. 生长激素释放激素和生长素释放抑制激素	GHRH 和 GHRIH	①GHRH 促进腺垂体合成和释放生长激素 ②GHRIH 抑制腺垂体合成和释放生长激素

（续表）

激素种类	英文缩写	主要作用
5. 催乳素释放因子和催乳素释放抑制因子	PRF 和 PIF	①PRF 促进腺垂体催乳素的合成和释放 ②PIF 抑制腺垂体催乳素的合成和释放，通常以抑制作用为主
6. 促黑激素释放因子和促黑激素释放抑制因子	MRF 和 MIF	①MRF 促进腺垂体促黑激素的合成和释放 ②MIF 抑制腺垂体促黑激素的合成和释放

（三）下丘脑激素分泌的调节

1. 神经调节

内外环境变化的各种刺激通过神经系统传到下丘脑，影响下丘脑调节肽的分泌。在应激状态下，多种应激刺激可促进下丘脑 CRH 的释放；吮吸乳头可反射性刺激下丘脑 PRF 分泌并抑制 PIF 的分泌。

下丘脑肽能神经元与来自中枢神经系统其他部位（如中脑、大脑皮质）的神经纤维有着广泛的突触联系，其神经递质有两大类：一类是单胺类物质，主要是多巴胺（DA）、去甲肾上腺素（NE）和 5-羟色胺（5-HT），他们对下丘脑调节肽分泌的调节作用见表 11-2。另一类递质是肽类物质，如脑啡肽、β-内啡肽、神经降压素、P 物质、血管活性肠肽及胆囊收缩素等。肽类物质对下丘脑调节肽的释放有明显的调节作用，如脑啡肽、β-内啡肽促进 TRH 和 GHRH 的释放，抑制 CRH 和 GnRH 的释放。

表 11-2 单胺类递质对下丘脑调节肽分泌的影响

递质	TRH	GnRH	GHRH	CRH	PRF
NE	↑	↑	↑	↓	↓
DA	↓	↓ (-)	↑	↓	↓
5-HT	↓	↓	↑	↑	↑

↑增加，↓减少，(-) 不变。

2. 激素的调节

下丘脑调节肽调节腺垂体的分泌，腺垂体分泌的激素又调节靶腺激素的分泌，在机体内构成了下丘脑、腺垂体与三大靶腺（甲状腺、肾上腺皮质和性腺）组成的三级水平的功能轴：下丘脑-腺垂体-甲状腺轴、下丘脑-腺垂体-肾上腺（皮质）轴、下丘脑-腺垂体-性腺轴（图 11-4）。在功能轴的各环节中，既有下丘脑对腺垂体、腺垂体对靶腺的下行调节关系，又有长反馈、短反馈和超短反馈三个层次的上行反馈调节。长反馈指靶腺或靶组织所分泌的激素对上级腺体活动的反馈调节作用，当血液中皮质醇浓度升高时对 CRH、ACTH 分泌的抑制；短反馈指腺垂体分泌的激素对下丘脑肽能神经元分泌活动的调节作用；超短反馈指下丘脑调节肽可调节分泌自身的肽能神经元的分泌活动。

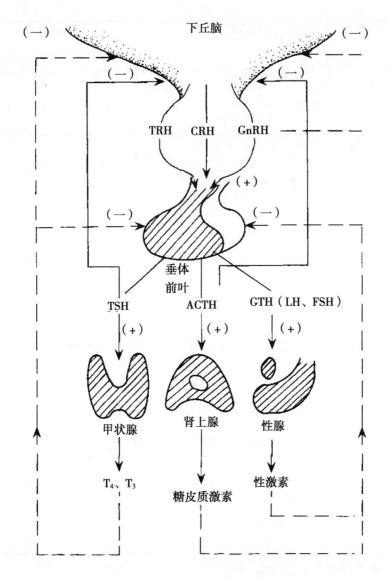

图 11-4 下丘脑-腺垂体-靶腺轴

二、垂体的内分泌

(一) 垂体的构造

垂体为一扁圆形小体,位于下丘脑。垂体分为腺垂体和神经垂体两部分 (图 11-5),腺垂体包括远侧部、中间部和结节部。神经垂体包括神经部和漏斗。垂体的远侧部和结节部称为前叶,中间部和神经部称为后叶。

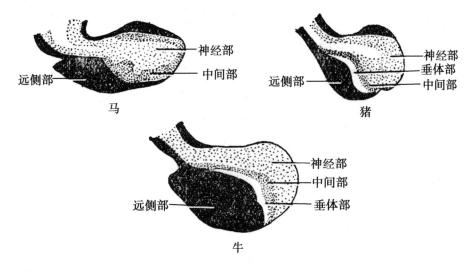

图 11 - 5 垂体的构造

(二) 垂体分泌的激素

1. 腺垂体

腺垂体的远侧部和结节部的腺组织分泌含氮激素，主要有：生长激素、催乳素、促性腺激素（卵泡刺激素或促卵泡激素和黄体生成素）、促甲状腺激素、促肾上腺皮质激素和促黑（素细胞）激素。其作用见表 11 - 3。生长激素分泌不足生长受阻为侏儒症，促黑素分泌不足出现白化病。

表 11 - 3　腺垂体激素的主要作用

激素种类	英文缩写	主要作用
1. 生长激素	GH	①促进生长：促进骨、软骨、肌肉及其他组织细胞分裂增殖，促进蛋白质合成 ②促进代谢：可通过生长激素促进氨基酸进入细胞，加快 DNA、RNA 的合成进而促进蛋白质合成；促进脂肪分解，增强脂肪酸氧化，提供能量；GH 抑制外周组织摄取和利用葡萄糖，减少葡萄糖消耗，提高血糖水平
2. 催乳素	PRL	①对乳腺的作用：促进乳腺的发育，发动并维持泌乳 ②对性腺的作用：少量 PRL 可促进黄体的生成并维持分泌孕激素，而大量的 PRL 则引起相反的抑制作用
3. 促性腺激素（卵泡刺激素促卵泡素和黄体生成素）	FSH 和 LH	①FSH 在 LH 和性激素协同作用下，可促进雌性动物卵巢卵泡细胞增殖和卵泡生长发育并分泌卵泡液；作用于雄性动物睾丸，促进生精上皮的发育、精子的生成和成熟 ②LH 与 FSH 协同作用可促进卵巢合成雌激素、卵泡发育成熟并排卵、排卵后的卵泡转变成黄体。LH 促进睾丸间质细胞增殖并合成雄激素，因而在雄性动物又称为间质细胞刺激素（ICSH）

（续表）

激素种类	英文缩写	主要作用
4. 促甲状腺激素	TSH	①促进甲状腺的生长 ②促进甲状腺激素的合成和释放
5. 促肾上腺皮质激素	ACTH	①促进肾上腺皮质的生长发育 ②促进肾上腺皮质激素的合成与释放
6. 促黑（素细胞）激素	MSH	①促使黑素细胞生成黑色素 ②促使皮肤和被毛颜色加深

2. 神经垂体

由下丘脑视上核和室旁核神经元分泌的，激素经轴突运送至神经垂体贮存，由垂体释放入血。神经垂体激素包括抗利尿激素和催产素。其作用见表 11 - 4。

表 11 - 4　神经垂体激素的主要作用

激素种类	英文缩写	主要作用
1. 抗利尿激素（血管升压素）	ADH（VP）	①抗利尿作用：促进肾远曲小管和集合管对水重吸收，使尿量减少 ②升高血压作用：使除脑、肾以外的全身小动脉强烈收缩，因而血压升高。生理状态下，血中 VP 浓度很低，不能引起血管收缩、血压升高。在机体脱水或失血时，VP 释放增多，对血压的升高和维持起一定的调节作用
2. 催产素	OXT	①对乳腺的作用：促使肌上皮和乳腺导管平滑肌收缩，引起排乳 ②促进子宫收缩：分娩时促进子宫强烈收缩，有利于分娩。排卵期有助于精子向输卵管移动

（三）垂体激素分泌的调节

1. 生长激素（GH）分泌的调节

（1）下丘脑对生长激素分泌的调节　生长激素的分泌受下丘脑分泌的生长激素释放激素和生长激素释放抑制激素的双重调控，生长激素释放激素经常性促进生长激素分泌的作用占优势。生长激素释放抑制激素只在应激反应生长激素分泌过多时作用明显。

（2）反馈调节　生长激素可对下丘脑生长激素释放激素和腺垂体生长激素的分泌有负反馈作用。

（3）其他因素　低血糖、氨基酸和脂肪酸增多，运动、饥饿、慢波睡眠及应激刺激，均可引起生长激素分泌增多。

激素中，甲状腺激素、雌激素、雄激素等刺激生长激素分泌，皮质醇抑制生长激素的分泌。

2. 催乳素（PRL）分泌的调节

主要受下丘脑催乳素释放因子和催乳素释放抑制因子的双重调节：催乳素释放因子促

进催乳素的分泌，催乳素释放抑制因子抑制催乳素的分泌。通常以催乳素释放抑制因子抑制催乳素的分泌为主。

3. 促性腺激素分泌的调节

卵泡刺激素促卵泡激素和黄体生成素的分泌主要受下丘脑-腺垂体-性腺轴的调节。

4. 促甲状腺激素（TSH）分泌的调节

主要受下丘脑-腺垂体-甲状腺轴的调节。

5. 促肾上腺皮质激素（ACTH）分泌的调节

主要受下丘脑-腺垂体-肾上腺皮质轴的调节。

6. 促黑（素细胞）（MSH）激素分泌的调节

主要受下丘脑促黑激素释放因子和促黑激素释放抑制因子，以促黑激素释放抑制因子的抑制作用为主。血液中促黑激素可反馈调节腺垂体促黑激素分泌。

三、甲状腺的内分泌

甲状腺位于喉的后方，前 3～4 个气管环的两侧和腹侧，分为左叶、腺峡和右叶（图 11－6）。甲状腺分泌甲状腺激素和降钙素。

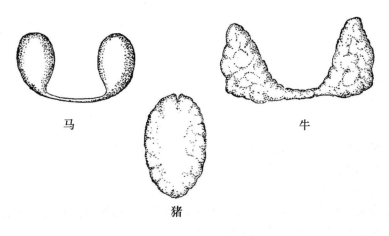

马　　猪　　牛

图 11－6　甲状腺的解剖构造

（一）甲状腺激素

甲状腺激素是酪氨酸碘化物，主要有两种：一种是甲状腺素，又称四碘甲腺原氨酸（T_4），另一种是三碘甲腺原氨酸（T_3）。T_4 含量为 90% 以上，T_3 的活性为 T_4 10 倍。

1. 甲状腺激素的合成、储存和释放

（1）甲状腺激素的合成　合成甲状腺激素的主要原料是碘和甲状腺球蛋白。碘主要从食物摄取，甲状腺球蛋白由腺泡上皮细胞分泌。甲状腺激素的合成包括聚碘、活化、碘化与缩合三个环节。

（2）甲状腺激素的储存　甲状腺激素在腺泡腔内以胶质的形式储存，胶质主要成分是甲状腺激素和甲状腺球蛋白（图11-7）。

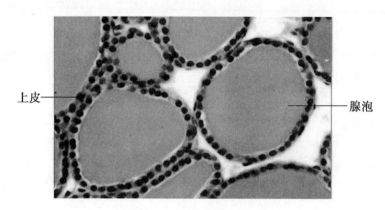

上皮————腺泡

图11-7 甲状腺的组织结构

（3）甲状腺激素的释放 当甲状腺受到脑垂体释放的促甲状腺激素（TSH）刺激后，腺泡上皮细胞通过吞饮将含有 T_4、T_3 及其他碘化酪氨酸残基的甲状腺球蛋白胶质小滴，吞饮进入腺细胞内，随即与溶酶体融合而形成吞噬体，并被溶酶体蛋白水解酶水解，生成 T_4、T_3 及一碘酪氨酸残基（MIT）和二碘酪氨酸残基（DIT）。水解后的甲状腺球蛋白因分子较大，一般不易进入血液循环；一碘酪氨酸残基和二碘酪氨酸残基虽然分子较小，但在脱碘酶作用下很快脱碘，脱下的碘大部分贮存在甲状腺内并可重新利用，小部分进入血液；T_4 和 T_3 则不受脱碘酶作用，通过出胞迅速进入血液。

2. 甲状腺激素的作用

（1）对代谢影响

①对能量代谢的影响：甲状腺激素促进能量代谢，可提高基础代谢率，有明显的增加产热作用，可使体内绝大多数组织的耗氧量和产热量增加。

②对蛋白质代谢影响：正常分泌促进蛋白质合成和各种酶的生成。分泌过多时，加速蛋白质特别是骨骼肌蛋白质的分解，还促进骨的蛋白质分解。

③对糖代谢影响：能够促进小肠黏膜对糖的吸收，增强肝糖原分解，抑制糖原合成，并可加强肾上腺素、胰高血糖素、皮质醇和生长激素的升糖作用，升高血糖浓度；也可加强外周组织对糖的利用，故有降低血糖的作用。

④对脂肪代谢影响：促进脂肪酸氧化，增强儿茶酚胺和胰高血糖素对脂肪的分解作用；对胆固醇的作用有双重性，一般分解作用要强于合成作用。

⑤对水和电解质的影响：对毛细血管正常通透性的维持和细胞内液的更新有调节作用。甲状腺功能低下时，毛细血管通透性明显增大，可见组织特别是皮下组织发生水盐潴留，同时有大量黏蛋白沉积而表现黏液性水肿，补充甲状腺素后水肿可消除。

（2）对生长发育的影响 甲状腺激素是机体生长、发育和成熟的重要因素，特别是对脑和骨的发育尤为重要。生长发育期，甲状腺功能低下，脑发育受阻，智力低下；同时骨骼发育受阻，身材矮小，称为呆小症。蝌蚪的甲状腺如被破坏则停止发育，不能变态成蛙。

（3）对中枢神经系统的发育以及功能的影响 甲状腺功能亢进时，表现中枢神经系统兴奋性增高的症状，如不安、过敏、易激动、失眠多梦及肌肉颤动等；功能低下时中枢神经系统兴奋性降低，表现记忆力减退、行动迟缓、嗜睡等症状。

（4）对心血管系统活动的影响　可使心率加快、心肌收缩力增强、心输出量增加。

（5）对生殖系统发育的影响　分泌不足，影响生殖器官发育，精子和卵子生成，雌性发情、排卵、受孕和泌乳等生理活动。母畜发情紊乱、不孕、流产、死胎和产弱仔。

3. 甲状腺激素分泌的调节

（1）下丘脑-腺垂体对甲状腺分泌的调节　下丘脑分泌促甲状腺激素释放激素，作用于腺垂体，促进腺垂体促甲状腺激素的合成和释放，促甲状腺激素促进甲状腺细胞增生、腺体肥大和甲状腺激素的合成与释放。

（2）甲状腺激素的反馈调节　当血液中甲状腺激素浓度增高时，可抑制腺垂体的活动，促使甲状腺激素分泌减少，从而使甲状腺激素的分泌不至于过多。而当血液中甲状腺激素浓度降低时，由于腺垂体的抑制作用减弱，引起促甲状腺激素分泌增多，从而使甲状腺激素的分泌增多。

（3）甲状腺的自身调节　甲状腺可以根据血液中碘的水平，调节自身对碘的摄取和合成甲状腺激素的能力，称为自身调节。当食物中碘量降低时，甲状腺摄取和浓缩的能力增强；反之当食物中碘量增高时，甲状腺摄取和浓缩碘的能力减弱。甲状腺的自身调节是一种缓慢的调节机能，可使甲状腺合成激素量在一定范围内不因食物中碘的含量的影响而急剧变化。

（二）降钙素

甲状腺腺泡之间和腺泡上皮之间还有一种分泌细胞叫甲状腺 C 细胞，又称滤泡旁细胞分泌降钙素。

四、甲状旁腺的内分泌

甲状旁腺位于甲状腺附近的小腺体，一般有两对。甲状旁腺分泌甲状旁腺激素。

（一）甲状旁腺激素的作用

甲状旁腺激素与降钙素和 1, 25-二羟维生素 D_3，共同调节血钙和血磷的代谢。体内的维生素 D_3 主要来源于皮肤，在阳光紫外线的作用下，皮肤中的 7-脱氢胆固醇可转化成维生素 D_3，维生素 D_3 也可动物性饲料中获取。其作用见表 11 –5。

表 11 – 5　甲状旁腺激素、降钙素和 1，25-二羟维生素 D_3 的作用

激素种类	英文缩写	主要作用
1. 甲状旁腺激素	PTH	使血钙升高 ①对骨的作用：促进骨钙溶解进入血液，使血钙浓度升高 ②对肾的作用：促进肾小管对钙的重吸收，使尿钙减少，血钙升高；抑制肾小管对磷的重吸收，尿中磷酸盐增加，血磷降低 ③促进 1，25-二羟维生素 D_3 合成：从而促进小肠对钙和磷的吸收
2. 降钙素	CT	使血钙降低 ①对骨的作用：抑制破骨细胞的活动，增强成骨过程，骨中钙和磷沉积增多，血钙和血磷降低 ②对肾的作用：抑制肾小管对钙、磷、钠和氯的重吸收，使这些离子经尿排出量增多，血中钙和磷降低。
3. 1，25-二羟维生素 D_3	VD_3	使血钙升高 ①对骨的作用：正常情况下促进骨中钙、磷沉积，使血钙和血磷降低；当血钙降低时，又促进骨钙溶解进入血液，使血钙浓度升高 ②对肾脏的作用：促进肾小管对钙和磷的重吸收，减少尿中钙和磷的排出量。血钙和血磷升高 ③对小肠的作用：促进小肠对钙和磷的吸收，血钙和血磷升高

（二）甲状旁腺激素分泌的调节

1. 血钙水平对甲状旁腺分泌的调节

甲状旁腺主细胞对低血钙极为敏感，血钙的轻微下降，在 1min 内即可引起甲状旁腺激素分泌的增加，从而促进骨钙释放和肾小管对钙的重吸收，使血钙浓度迅速回升。如果长时间出现低血钙，可使甲状旁腺增生，相反，长时间出现高血钙则可使甲状旁腺发生萎缩。

2. 其他因素对甲状旁腺分泌的调节

血磷浓度升高可使血钙降低，从而刺激甲状旁腺激素分泌。血镁浓度降至较低时，可使甲状旁腺激素分泌减少。儿茶酚胺可促进甲状旁腺激素分泌。前列腺素 E_2 可促进甲状旁腺激素分泌，前列腺素 F_2 抑制甲状旁腺激素分泌。

五、肾上腺的内分泌

（一）肾上腺的组织结构

肾上腺位于两肾的前方，分为皮质部和髓质部。肾上腺皮质部分泌的激素称为肾上腺皮质激素，肾上腺髓质部分泌的激素称为肾上腺髓质激素。肾上腺皮质较厚，约占肾上腺总重量的 80%，从外至内分为球状带、束状带和网状带（图 11 – 8）。

1. 球状带

位于皮质外层，腺细胞排列成短环状或球状。该层较薄，紧靠被膜，约占皮质部厚度

的15％。细胞呈柱状或立方形，排列成球形细胞团。球状带分泌的激素以醛固酮为主，主要参与体内水盐代谢的调节，称盐皮质激素。

2. 束状带

位于皮质中层，腺细胞排列垂直于腺体表面呈束状。该层较厚，构成皮质的大部分，约占皮质部厚度的78％。细胞为多边形，细胞体积大，排列成束。束状带分泌的激素以皮质醇为主，最初发现它有生糖作用而命名为糖皮质激素，实际上具有广泛的生理作用。

3. 网状带

位于皮质最内层，约占皮质部厚度的7％。腺细胞较小，排列成不规则的条索状，交织成网。分泌少量的脱氢表雄酮和微量的雌二醇性激素等。

4. 肾上腺髓质

肾上腺髓质位于肾上腺中心，腺细胞较大，呈多边形，围绕血窦排列成团或不规则的网状。细胞内含有细小颗粒，经铬盐处理后，一些颗粒与铬盐发生棕色反应，称这样的细胞为嗜铬细胞。嗜铬细胞主要分泌肾上腺素、去甲肾上腺素和多巴胺。

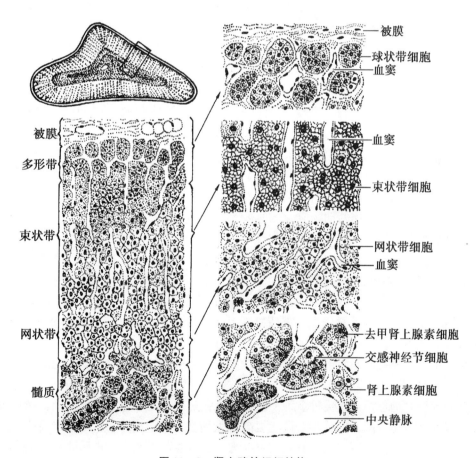

图11-8　肾上腺的组织结构

（二）肾上腺皮质激素

1. 糖皮质激素

主要是皮质醇，还有皮质酮。皮质酮的含量为皮质醇的 1/20～1/10，生物活性仅为皮质醇的 35%。

对物质代谢的作用

①对糖代谢的作用：糖皮质激素是调节体内糖代谢的重要激素之一，有显著的升血糖作用。这是由于皮质醇可促进蛋白质分解、抑制外周组织对氨基酸的利用，而异生成肝糖原，使糖原贮存增加；同时，通过抗胰岛素作用，降低肌肉、脂肪等组织对胰岛素的反应性，使外周组织对葡萄糖的利用减少，导致血糖升高。

②对蛋白质代谢的作用：糖皮质激素有促进蛋白分解、抑制其合成的作用。肝外组织，特别是肌蛋白分解生成的氨基酸进入肝脏，可成为糖原异生的原料。皮质醇分泌过多常引起生长停滞、肌肉消瘦、皮肤变薄和骨质疏松等现象。

③对脂肪代谢的作用：糖皮质激素促进脂肪分解和脂肪酸在肝内的氧化，抑制外周组织对葡萄糖的利用，利于糖原异生。

④对水盐代谢的作用：糖皮质激素可增加肾小球血流量，使肾小球滤过率增加，促进水的排出。糖皮质激素分泌不足时，机体排水功能低下，严重时可导致水中毒、全身肿胀，补充糖皮质激素后可使症状缓解。

⑤在应激反应中的作用：当动物受到一系列非特异性刺激（如创伤、手术、饥饿、疼痛、缺氧、寒冷以及惊恐等）时，血液中促肾上腺皮质激素和糖皮质激素含量立即升高。一般将此类刺激统称为应激刺激。因应激刺激引起的机体与适应性及耐受性有关的反应称为应激，因此，应激属非特异性反应。意义在于从多方面调整整体对应激刺激的适应性和抵御能力，从而保护自身。参与应激反应的有多种激素，主要是 ACTH 和糖皮质激素。所以切除肾上腺皮质的动物应激能力很差。

⑥对组织器官的作用

血细胞：糖皮质激素可增加血液中中性粒细胞、血小板、单核细胞和红细胞的数量，而使淋巴细胞和嗜酸性粒细胞数量减少。

血管系统：糖皮质激素通过增强血管平滑肌对儿茶酚胺的敏感性（即糖皮质激素的允许作用）来保持血管的紧张性和维持血压。糖皮质激素还可降低毛细血管壁的通透性，利于血容量的维持。

神经系统：糖皮质激素可提高中枢神经系统的兴奋性。肾上腺皮质功能低下、糖皮质激素分泌不足时，动物表现精神委顿。

消化系统：糖皮质激素促进多种消化液和消化酶的分泌。胃消化活动中，糖皮质激素能增加胃酸及胃蛋白酶原的分泌，还能提高胃腺细胞对迷走神经和胃泌素的反应性。

此外，糖皮质激素还有增强骨骼肌收缩力、抑制骨的形成、促进胎儿肺表面活性物质的合成等作用。

2. 盐皮质激素

主要包括醛固酮、11－去氧皮质酮（DOC），其中醛固酮的生物活性最高，DOC 是醛固酮合成反应的中间产物，它对水盐代谢的作用仅为醛固酮的 1/30。

盐皮质激素是调节机体水盐代谢的重要激素，对肾有保钠、保水和排钾作用，进而影响细胞外液和循环血量的相对稳定。

（三）肾上腺髓质激素

肾上腺髓质受交感神经节前纤维支配，两者关系密切，组成了交感-肾上腺髓质系统。当机体遭遇特殊紧急情况时，因交感-肾上腺髓质系统功能紧急动员引起的适应性反应，称为应急反应。应急反应与应激反应有着类似的刺激因子，如畏惧、焦虑、剧痛、失血、脱水、缺氧、寒冷、创伤和剧烈运动等。应激反应主要是加强机体对伤害刺激的基础耐受能力，而应急反应更偏重于提高机体的警觉性和应变能力。受到外界的刺激时，两种反应往往同时发生，共同维持机体的适应能力。

肾上腺素、去甲肾上腺素分泌大大增加，作用于中枢神经系统，提高其兴奋性，使机体进入警觉状态，反应变灵敏。呼吸加强、加快；心跳加快、心收缩力增强、心输出量增加、血压升高、血液循环加快、心脏血管收缩、骨骼肌血管舒张，同时血流量增多，全身血液重新分配，以利于应急时重要器官得到更多的血液供给；肝糖原分解增强，血糖升高，脂肪分解加速，血中游离脂肪酸增多，葡萄糖与脂肪酸氧化过程增强，以适应在应急情况下对能量的需要。

（四）肾上腺激素分泌的调节

1. 肾上腺糖皮质激素分泌的调节

（1）下丘脑-腺垂体对肾上腺糖皮质激素分泌的调节　下丘脑合成和释放促肾上腺皮质激素释放激素，促进腺垂体促肾上腺皮质激素的合成和释放，进而促进肾上腺皮质激素的合成和释放。

（2）肾上腺糖皮质激素对下丘脑-腺垂体的负反馈调节　皮质醇在血液中的浓度升高时，可反馈抑制下丘脑促肾上腺皮质激素释放激素和腺垂体促肾上腺皮质激素的合成，促肾上腺皮质激素也可反馈抑制促肾上腺皮质激素释放激素的合成。

2. 肾上腺盐皮质激素分泌的调节

①醛固酮的分泌主要受肾素-血管紧张素-醛固酮系统的调节。

②血钾、血钠浓度可直接作用于球状带细胞，影响醛固酮的分泌。

③应激反应时，促肾上腺皮质激素对醛固酮的分泌有一定的调节作用。

3. 肾上腺髓质激素分泌的调节

（1）交感神经　交感神经兴奋，引起肾上腺髓质激素的分泌。

（2）促肾上腺皮质激素的调节　促肾上腺皮质激素可直接或间接通过糖皮质激素提高肾上腺髓质细胞中多巴胺 β-羟化酶和 PNMT 的活性，促进肾上腺髓质激素的合成。

（3）自身反馈调节　血液中髓质激素可反馈抑制自身的合成。

六、胰岛的内分泌

（一）胰的组织结构

胰的表面被覆有薄层结缔组织被膜，结缔组织伸入实质，将实质分成许多界限不明显的胰小叶。实质部分为外分泌部和内分泌部（图 11 −9）。

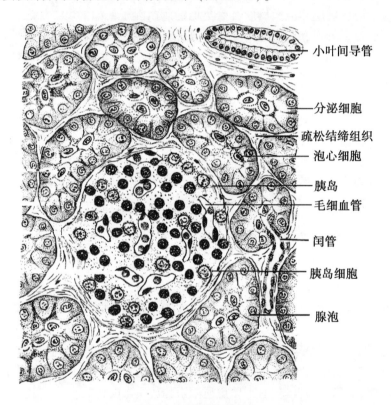

小叶间导管

分泌细胞

疏松结缔组织

泡心细胞

胰岛

毛细血管

闰管

胰岛细胞

腺泡

图 11 −9　胰的组织结构

1. 外分泌部

外分泌部为复管泡状腺，分腺泡和导管 2 部分。

（1）腺泡　呈球状或管状，大小不一，腺腔很小，均由浆液性腺细胞组成。腺细胞呈锥体形，细胞核大而圆，位于基底部。在腺腔内常见到 1 ~ 2 个泡心细胞，该细胞为闰管的起始细胞。

（2）导管　为输送胰液至十二指肠的管道，包括闰管、小叶内导管、小叶间导管和胰管。腺泡以泡心细胞与闰管相连，闰管长而细，为单层扁平上皮。小叶内导管变粗，为单层立方上皮。在小叶间结缔组织内，若干小叶内导管汇成小叶间导管，最后形成 1 ~ 2 条胰管，管壁上皮由单层低柱状变为高柱状，并夹有散在的杯状细胞和内分泌细胞。

2. 内分泌部

内分泌部是由内分泌细胞构成的圆形或卵圆形的细胞团，不规则地散在腺泡之间，形如岛屿，称胰岛。细胞有以下几种。

①A 细胞：胞体较大，分布胰岛周围，占细胞总数 20% 左右。

②B 细胞：胞体略小，多分布胰岛中央部，占细胞总数 75% 左右。

③D 细胞：数量较少，多分散在 A、B 细胞之间，约占细胞总数 5%。

④PP 细胞：数量很少。

（二）胰岛分泌的激素

A 细胞分泌胰高血糖素，B 细胞分泌胰岛素，D 细胞分泌生长抑素，PP 细胞能分泌胰多肽。其作用见表 11 - 6。

表 11 - 6 胰岛分泌激素的作用

激素种类	英文缩写	主要作用
1. 胰岛素		①对糖代谢的作用：有降低血糖浓度的作用。促进全身组织，特别是肝、肌肉和脂肪组织对葡萄糖的摄取和利用，促进肝糖原和肌糖原的合成，并能够抑制糖原分解和糖的异生 ②对脂肪代谢的作用：促进脂肪的合成与贮存。它使血中游离脂肪酸减少，同时抑制脂肪的分解氧化 ③对蛋白质代谢的作用：胰岛素既促进蛋白质合成，又抑制蛋白质分解。它促进细胞对氨基酸的摄取；加速细胞核 DNA 和 RNA 的生成、加快核糖体的翻译过程促进蛋白质的合成；抑制蛋白质分解和糖原异生，利于生长
2. 胰高血糖素		①对糖代谢的作用：促进糖原分解和葡萄糖异生，有显著升高血糖的效应 ②对脂肪代谢的作用：促进脂肪的分解和脂肪酸的氧化，使血液酮体增多 ③对蛋白质代谢的作用：促进蛋白质分解和抑制合成的作用
3. 生长抑素	SS	通过旁分泌方式抑制胰岛 A 细胞、B 细胞和 PP 细胞的分泌活动，参与胰岛激素分泌的调节
4. 胰多肽	PP	在人类有减慢食物吸收的作用，但其确切的生理作用尚不清楚

胰岛素有降低血糖浓度的作用，分泌不足可引起血糖浓度升高，如超过肾糖阈，糖从尿中排出，引起糖尿病；胰岛素促进脂肪的合成与贮存，缺乏时因糖利用受阻而由脂肪分解供能，使血液游离脂肪酸增多，生成大量酮体，引起酮血症与酸中毒；同时，脂肪代谢紊乱使血脂增加，可引起动脉硬化，导致心、脑血管系统疾病。

（三）胰岛素分泌的调节

1. 血中代谢物质的作用

血糖是调节胰岛素分泌的最重要因素。血糖升高刺激胰岛素的分泌；同时也作用于丘脑，通过迷走神经引起胰岛素的分泌增加。当血糖降低时，胰岛素分泌减少。

2. 激素的调节

胃泌素、促胰液素、胆囊收缩素、抑胃肽和胰高血糖素均可促进胰岛素的分泌。

3. 神经调节

迷走神经兴奋促进胰岛素的分泌，交感神经兴奋抑制胰岛素的分泌。

七、其他内分泌物质

（一）前列腺素

前列腺素（PG）是存在于动物体中一类不饱和脂肪酸组成的具有多种生理作用的活性物质。最初在精液中发现，实际上精液中的前列腺素主要来自精囊腺，前列腺素广泛存在于各种组织中，全身许多组织细胞都能产生前列腺素。

1. 对生殖系统的作用

作用于下丘脑的神经内分泌细胞，增加促性腺激素释放激素（GnRH）的释放，再刺激腺垂体促卵泡激素（LH）和黄体生成素（FSH）分泌，从而使睾丸分泌激素增多。也能直接刺激睾丸间质细胞分泌。能够维持雄性生殖器官平滑肌收缩功能，与射精作用有关。精液中的前列腺素使子宫颈松弛，促进精子在雌性生殖道中运行，有利于受精。但大量前列腺素，对雄性生殖功能有抑制作用。

2. 对胃肠道的作用

可引起胃肠道平滑肌收缩，抑制胃酸分泌，防止强酸、强碱对胃肠黏膜的侵蚀。还可刺激肠液分泌，胆汁分泌以及胆囊收缩。

3. 对神经系统作用

前列腺素广泛分布于神经系统，对神经递质的释放和活动起调节作用。

4. 对内分泌系统的作用

通过影响内分泌细胞内的 cAMP 水平，影响激素的合成与释放。

前列腺素对机体各系统功能活动的影响见表 11 - 7。

表 11 - 7　前列腺素对机体各系统功能的作用

系统	主要作用
循环系统	促进或抑制血小板聚集，影响血液凝固，使血管收缩或舒张
呼吸系统	使气管收缩或舒张
消化系统	抑制胃腺分泌，保护胃黏膜，刺激小肠运动
泌尿系统	调节肾血流量，促进水、钠排出
生殖系统	促进生殖道平滑肌收缩，参与排卵，黄体溶解及分娩等生殖活动
神经系统	调节神经递质的释放和作用，影响下丘脑体温调节，参与睡眠活动，参与疼痛和镇痛过程
内分泌系统	促进皮质醇的分泌，增强组织对激素的反应性，参与神经内分泌调节过程
脂肪代谢	抑制脂肪分解
防御系统	参与炎症反应

（二）胸腺激素

胸腺作为免疫器官，同时又能分泌多种激素。其中胸腺素、胸腺刺激素和胸腺生长素参与机体的免疫功能的调节，保证免疫系统的发育，控制 T 细胞的分化和成熟，促进 T 细胞的活动。

第十二章　生　殖

生殖过程包括：生殖细胞生成、交配和受精、妊娠和分娩及哺乳等重要环节。

第一节　家畜生殖机能的个体发育

一、性成熟和体成熟

（一）性成熟

当动物生长发育到一定时期，生殖器官已基本发育完全，开始具有生殖能力，通常把这个时期称为性成熟。性成熟是一个发展过程，一般经历初情期、性成熟期和体成熟期三个阶段。

1. 初情期

性成熟的最初阶段。雄性动物的初情期难以判断，通常表现出闻嗅雌性动物的外阴部、阴茎勃起、爬跨异性、交配等各种性行为，一般不射精或射出的精液中没有或很少有成熟的精子。雌性动物的初情期主要表现是初次发情、排卵，但发情症状不完全，排卵无规律。

2. 性成熟期

是性的基本成熟阶段，雌、雄动物开始产生成熟的卵子或精子，具有明显的性行为和性功能，具备了生殖能力。从初情期到性成熟期，猪和羊通常需要 3 个月左右，马、牛和骆驼需要 0.5~2 年。

3. 体成熟期

是性成熟过程的最后阶段，动物具有正常的生殖能力。

（二）体成熟

动物性成熟后，其生长发育仍在继续进行，直到具有成年动物正常体貌结构特征，称为体成熟。各种家畜性成熟和体成熟的年龄见表 12-1。性成熟后不能马上配种，必须达到体成熟才能配种。

表 12 - 1　各种家畜性成熟与体成熟的年龄

家畜种类	性成熟	体成熟
牛	10 ~ 18 个月	2 ~ 3 周岁
绵羊	5 ~ 8 个月	12 ~ 15 个月
山羊	5 ~ 8 个月	12 ~ 15 个月
猪	3 ~ 6 个月	9 ~ 12 个月
马	18 ~ 24 个月	3 ~ 4 周岁

二、性周期和繁殖季节

（一）性周期

雌性动物在性成熟后，卵巢在神经和体液的调节下出现周期性的卵泡成熟和排卵。伴随着每次卵泡成熟和排卵，整个机体，特别是生殖器官发生一系列的形态和机能的变化，还出现周期性的性反射和性行为过程，称为性周期，又称生殖周期、发情周期、动情周期或排卵周期。

生殖周期分为完全生殖周期和不完全生殖周期。完全生殖周期指的是卵泡发育、排卵、发情、受精、妊娠、分娩、哺育这样的过程周期性地重复进行，是一种完整的生殖活动。不完全生殖周期是指排卵后没有受精或者受精失败的情况下，卵泡发育、排卵和发情三个过程周期性重复。

（二）繁殖季节

在一年之中，除在妊娠期外，都能周期性出现发情，叫终年多次发情，如猪、牛和家兔；只在一个季节里，表现多次发情，叫季节性多次发情，如羊和马；在一个性季节里，只表现一次发情，叫季节性单次发情，如犬。雌性动物在发情季节之间要经过一段无发情表现时期，叫乏情期，而雄性动物一般不受季节的限制。

第二节　雄性生殖生理

雄性动物的生殖系统包括睾丸、附睾、输精管、尿生殖道、阴囊、精索、阴茎、包皮和副性腺。睾丸的功能是生成精子和分泌雄性激素，其他生殖器官是使精子成熟、运送精子，将精子射入雌性动物的生殖道内，达到受精的目的。

一、睾丸的组织结构

睾丸表面被覆一层浆膜。浆膜下方是由致密结缔组织形成的白膜，浆膜、白膜构成睾丸的被膜，又称为固有鞘膜。白膜在睾丸头处向睾丸实质伸入，由睾丸头向睾丸尾延伸，形成睾丸纵隔。睾丸纵隔的结缔组织分出呈放射状排列的睾丸小隔，将睾丸分成许多睾丸小叶。实质由精小管、睾丸网和睾丸间质组成（图 12 – 1 至图 12 – 3）。

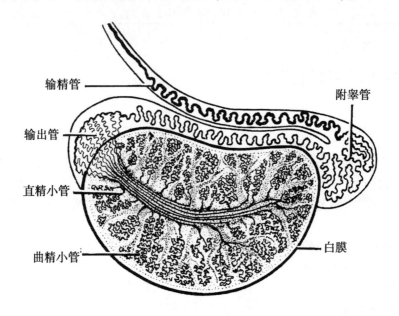

图 12 – 1　睾丸和附睾的组织结构

（一）精小管

精小管分为曲精小管和直精小管。

1. 曲精小管

是一种特殊的复层生精上皮，细胞分两类，即生精细胞和支持细胞。上皮外有一薄层基膜，基膜外为一层肌样细胞。

（1）生精细胞　可分为精原细胞、初级精母细胞、次级精母细胞，精子细胞和精子。

精原细胞：多紧贴基膜分布。为圆形，较小。

初级精母细胞：位于精原细胞内侧，有2~3层，是生精细胞中最大的细胞，呈圆形，细胞核大而圆。

次级精母细胞：位于初级精母细胞的内侧。细胞体积较初级精母细胞小，呈圆形，胞核为圆形，染色质呈细粒状，不见核仁。

精子细胞：精子细胞的体积更小，呈圆形，位置靠近曲精细管的管腔，常排成数层。胞核小而圆，染色深，有清晰的核仁。

精子：形似蝌蚪。

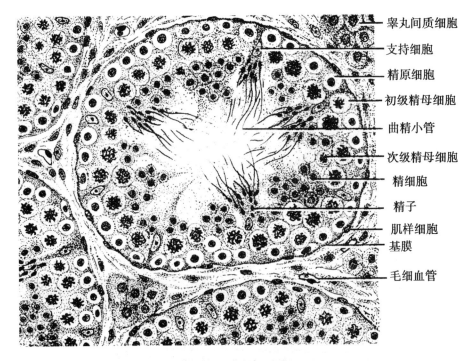

睾丸间质细胞

支持细胞

精原细胞

初级精母细胞

曲精小管

次级精母细胞

精细胞

精子

肌样细胞

基膜

毛细血管

图 12－2　睾丸曲精小管的切面

（2）支持细胞　不规则的高柱状或锥状细胞，细胞底部附着在曲细精管的基膜上。游离端朝向管腔，在相邻支持细胞的侧面之间，镶嵌有许多各级生精细胞，游离端常有多个精子的头部嵌附其上。

2. 直精小管

短而细，管壁衬以单层立方上皮或扁平上皮。

（二）睾丸网

睾丸网是位于睾丸纵隔内的网状细管，管周围由睾丸纵隔的结缔组织包裹。睾丸网的管壁上皮是单层立方或扁平上皮。公牛睾丸网的管壁上皮呈两层排列的双层立方上皮。

（三）睾丸间质

睾丸间质是指填充在曲细精管之间的结缔组织。其中含有血管、淋巴管、神经纤维和睾丸间质细胞。睾丸间质细胞多呈卵圆形或多角形，体积较大，常成群分布或排列在间质内的小血管周围。细胞核大而圆。细胞质呈嗜酸性，含有类脂和脂褐素颗粒。

二、睾丸的作用

（一）睾丸的生精作用

睾丸的生精作用是指从精原细胞发育为精子的过程。曲细精管是生成精子的部位，原

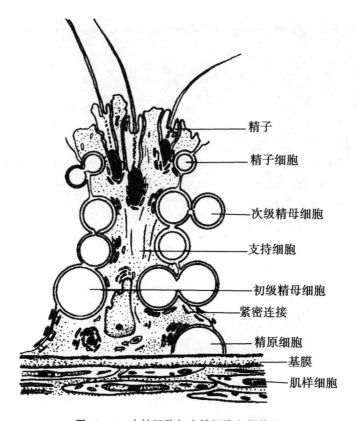

图 12 – 3　支持细胞与生精细胞之间关系

始的生精细胞即为精原细胞，支持细胞对生精细胞起支持和营养的作用。精子的发生过程如图 12 – 4 所示。

1. 精原细胞增殖期

精原细胞的有丝分裂过程，形成初级精母细胞。

2. 精母细胞减数分裂期

初级精母细胞经过第一次减数分裂，形成次级精母细胞，再经过第二次减数分裂，形成精子细胞。

3. 精子分化期

精子细胞经过形态变化形成精子。

（二）睾丸的内分泌作用

睾丸间质细胞分泌雄激素（睾酮、双氢睾酮和雄烯二酮），支持细胞分泌抑制素。作用见表 12 – 2。

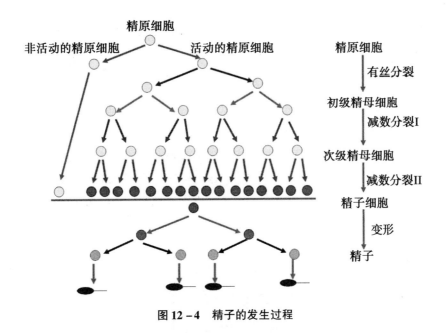

图 12 - 4 精子的发生过程

表 12 - 2 睾丸分泌激素的作用

激素种类	英文缩写	主要作用
1. 雄激素（睾酮）	T	①促进雄性生殖器官的发育，促进和维持第二性征 ②促进精子生成 ③刺激公畜产生性欲和发生性行为 ④促进蛋白质合成，特别是肌肉和生殖器官的蛋白质合成 ⑤促进红细胞生成素的生成，从而促进红细胞的生成 ⑥促进公畜皮脂腺的分泌
2. 雌激素	E_2	①促进雌性生殖器官的发育。促进和维持第二性征。刺激乳腺导管和结缔组织增生，促进乳腺发育 ②促进卵子的生成和排卵 ③刺激母畜产生性欲和性兴奋 ④促进母畜发情 ⑤促进蛋白质合成，特别是生殖器官的蛋白质合成。加速骨的生长，促进骨骺愈合

三、睾丸功能的调节

（一）腺垂体对生精的调节

腺垂体的促性腺激素细胞分泌促卵泡激素和黄体生成素。

1. 促卵泡激素

促卵泡激素促进间质细胞分泌睾酮。

2. 黄体生成素

在黄体生成素的作用下支持细胞参与精子发生的启动和雄激素结合蛋白的合成，积聚的雄激素可促进精子的发生和精子的成熟；黄体生成素通过调节支持细胞间隙连接的发育，形成血睾屏障，以维持精细胞特有的生理环境。促进精子的发生和抑制素的分泌。

（二）睾丸内分泌的调节

1. 下丘脑 – 腺垂体 – 睾丸轴的调节

在内外环境因素影响下，下丘脑分泌促性腺激素释放激素、腺垂体的促性腺激素细胞分泌促卵泡激素和黄体生成素调节睾丸功能，睾丸合成、分泌的雄激素也反馈调节下丘脑和腺垂体，抑制腺垂体分泌黄体生成素，以共同维持血液中睾酮含量的稳定（图 12 – 5）。

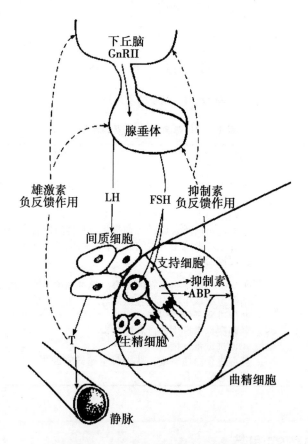

图 12 – 5　下丘脑-腺垂体-睾丸轴的调节

2. 睾丸内的局部调节

睾丸支持细胞、生精细胞和间质细胞之间，存在复杂的局部调节机制。间质细胞分泌雄激素。支持细胞中的睾酮经芳香化酶作用，转变为雌二醇。间质细胞内有雌二醇受体，雌二醇与其结合抑制睾酮的合成，并对下丘脑-垂体进行反馈调节。

第三节 雌性生殖生理

雌性动物的生殖系统包括卵巢、输卵管、子宫、阴道和尿生殖前庭。卵巢具有生成卵和内分泌作用，输卵管具有输送卵子的作用，子宫是胎儿发育的场所，阴道和尿生殖前庭是交配器官和产道。

一、卵巢的组织结构

卵巢分为被膜和实质，实质由外周的皮质和中央的髓质构成（图 12 – 6）。马属动物皮质和髓质的位置与其他动物相反，即皮质中央，髓质在外周。

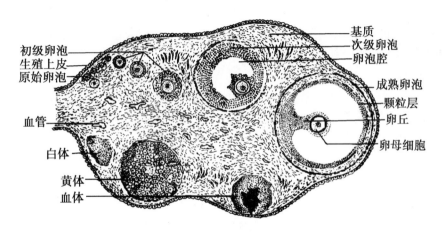

图 12 – 6　牛卵巢的组织结构

（一）被膜

被膜由生殖上皮和白膜组成。生殖上皮是覆盖在卵巢表面的一层扁平或立方上皮细胞。年轻动物的生殖上皮为单层立方形或柱状上皮，到老年时趋于扁平。白膜位于生殖上皮深面，由致密结缔组织构成。

（二）皮质

皮质由基质、卵泡、黄体和闭锁卵泡组成。

1. 基质

基质由致密结缔组织构成。细胞主要是紧密排列的较幼稚的结缔组织细胞，呈梭形，细胞核长杆状。纤维为大量的网状纤维和少量的胶原纤维。

2. 卵泡

卵泡分成原始卵泡、生长卵泡和成熟卵泡。

（1）原始卵泡　多位于皮质的浅层，是一种体积小，数量多。原始卵泡由初级卵母细胞和包在其周围的单层扁平的卵泡细胞构成。

（2）生长卵泡　分为初级卵泡和次级卵泡。

初级卵泡：卵泡细胞为立方、柱状或增生至多层。在初级卵母细胞周围出现透明带。

次级卵泡：这时除卵泡体积增大外，卵泡细胞间分泌作用出现大小不等的腔隙，最终成卵泡腔。卵泡腔中充满卵泡液。卵泡腔的扩大及卵泡液的增多，初级卵母细胞变成次级卵母细胞。次级卵母细胞及其外包的卵泡细胞在卵泡腔的一侧形成卵丘。

（3）成熟卵泡　成熟卵泡体积显著增大，而且从卵巢表面凸出来。次级卵母细胞变成成熟卵细胞。

3. 黄体

排卵后的最初几个小时内，残留的颗粒细胞和膜细胞迅速变为黄体细胞，他们生长很快，直径可增加 2 倍以上，腔内充满脂肪，这一过程称为黄体化。细胞群称为黄体。

未妊娠动物的黄体称周期黄体（或假体），很快消失；妊娠动物的黄体称妊娠黄体（或真体），持续很长时间，有的到妊娠结束才退化。黄体退化时，黄体细胞逐渐被成纤维细胞所代替，最后整个纤维化为白体。

4. 闭锁卵泡

卵泡在各发育阶段中逐渐退化。原始卵泡和初级卵泡退化时，初级卵母细胞和卵泡细胞最后都解体消失。次级卵泡和成熟卵泡退化时，有时可见萎缩的卵母细胞和皱缩的透明带，此时的卵泡内层细胞增大，呈多角形，形似黄体细胞。

（三）髓质

髓质由富有弹性纤维的疏松结缔组织构成。含有多量的血管、淋巴管和神经等，而梭形细胞和平滑肌纤维较少。

二、卵巢的作用

（一）卵巢的生卵作用

卵巢的生卵作用包括卵泡的发育和卵子的生成。

1. 卵泡的发育

卵泡的发育要经过原始卵泡、生长卵泡和成熟卵泡 3 个阶段（图 12 - 7）。

2. 卵子的生成

卵子的生成要经过增殖期、生长期和成熟期 3 个阶段。

（1）增殖期　卵原细胞经过多次有丝分裂成为初级卵母细胞。

（2）生长期　初级卵母细胞经过第 1 次成熟分裂，形成次级卵母细胞。

（3）成熟期　次级卵母细胞经过第 2 次成熟分裂时中途停止，受精后，才继续发育最后生成成熟的卵子。

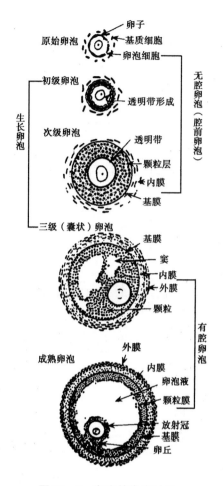

图 12 -7　卵泡的发育过程

3. 排卵

卵子从成熟卵泡排出的过程称为排卵。哺乳动物性成熟后，只有少量原始卵泡生长发育成熟并排卵，绝大多数卵泡闭锁、退化。

（1）排卵过程　哺乳动物的排卵可分为自发排卵和诱发排卵两种类型。

自发排卵是指卵泡发育成熟后可自行破裂而排卵。排卵后形成的黄体有以下两种情况：一种是自发排卵后形成功能性黄体，如马、牛、猪和羊等。另一种是自发排卵后，通过交配才形成功能性黄体，如鼠类。

诱发排卵是指卵泡发育成熟后必须经过交配才能排卵，如兔、猫、骆驼和水貂等。

（2）排卵的机理　排卵是多种因素综合作用的结果。排卵启动与促卵泡激素的分泌密切相关，家畜排卵前会出现一个较高的促卵泡激素分泌峰。雌激素可诱导排卵前促卵泡激素的释放。高量促卵泡激素的分泌造成孕酮分泌的增加，孕酮分别通过蛋白分解酶和前列腺素作用于卵泡，最后导致卵泡破裂，在多因素的共同作用下促使卵子排出。

（二）卵巢的内分泌作用

卵泡的膜细胞分泌雄激素，雄激素在颗粒细胞内转化为雌激素。卵巢的黄体（颗粒细胞）分泌大量孕酮和少量雌激素。作用见表 12 - 3。

表 12 - 3　卵巢分泌激素的作用

激素种类	英文缩写	主要作用
雌激素	E_2	①促进雌性生殖器官的发育。促进和维持第二性征。刺激乳腺导管和结缔组织增生，促进乳腺发育 ②促进卵子的生成和排卵 ③刺激母畜产生性欲和性兴奋 ④促进母畜发情 ⑤促进蛋白质合成，特别是生殖器官的蛋白质合成。加速骨的生长，促进骨骺愈合
孕激素	P	①刺激子宫内膜增厚、腺体分泌，利于受精卵附着、发育。降低子宫平滑肌的兴奋性，抑制子宫肌收缩，利于妊娠、保胎 ②促使宫颈黏液分泌减少、变稠，粘蛋白分子交织成网，不利于精子通过 ③在雌激素作用基础上，对乳腺腺泡发育起重要促进作用

三、卵巢内分泌的调节

卵巢激素的分泌受下丘脑 - 腺垂体 - 性腺轴的控制，卵巢激素对下丘脑 - 腺垂体也有反馈性调节作用（图 12 - 8）。

（一）下丘脑 - 腺垂体 - 卵巢轴的调节

在内外环境因素影响下，下丘脑分泌促性腺激素释放激素、腺垂体的促性腺激素细胞分泌促卵泡激素和黄体生成素促进卵泡发育、成熟，并增加颗粒细胞芳香化酶的活性，进一步促进雌激素的合成和分泌。黄体生成素还影响颗粒细胞上促卵泡激素受体和排卵前促卵泡激素峰的形成。促卵泡激素在排卵后维持黄体细胞分泌孕酮。

（二）卵巢激素对下丘脑 - 腺垂体的反馈调节

血液中雌激素浓度达到一定量时，可负反馈调节促性腺激素释放激素和黄体生成素的分泌。但雌激素也可在排卵前正反馈促进促性腺激素释放激素的释放并形成促卵泡激素峰。卵泡颗粒细胞产生的抑制素，抑制黄体生成素的分泌。

四、发情周期

雌性动物性成熟后，其生殖系统的形态、功能以及性行为均呈周期性变化，这种生理

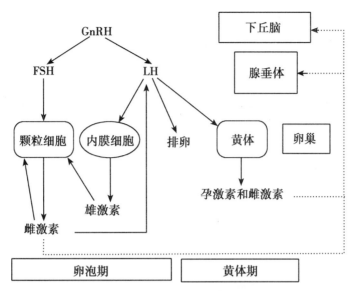

GnRH:促性腺激素释放激素；FSH：卵泡刺激素；LH：黄体生成素

实线表示促进作用；虚线表示抑制作用

图 12 - 8　下丘脑 - 腺垂体 - 卵巢轴的调节

现象称为性周期或发情周期。

(一) 发情周期的分期

发情周期一般可分为 4 个期。

1. 发情前期

发情前期是发情周期的开始阶段，卵巢中有新的卵泡发育。此时，雌激素分泌增加，腺体活动开始加强，分泌增多，生殖道轻微充血、肿胀，但动物一般无交配欲。

2. 发情期

发情期是发情症状集中表现的阶段。动物有强烈的性欲和性兴奋，能够接受公畜交配。此时卵泡也进入新的发育阶段，卵泡迅速成熟并排卵，外阴部充血，肿胀，子宫黏膜增生，腺体分泌增多，子宫颈开张，并有黏液从阴道流出，子宫和输卵管出现蠕动现象。

3. 发情后期

发情结束后，黄体形成和维持的时期称发情后期。行为上不表现性兴奋和交配欲，生殖系统的亢进逐渐消退，卵巢内形成黄体并分泌孕酮。

4. 间情期

间情期是转入下一个发情前期的过渡时期，也称休情期。在此期间动物行为正常，无交配欲。生殖系统处于相对静止阶段，卵巢中黄体退化。一旦黄体完全消失，新的卵泡开始生长发育，就进入下一个发情周期。

（二）发情周期的调节

内外环境影响因素通过下丘脑－腺垂体－卵巢轴调节动物的发情周期。下丘脑接受体内外各种信号分泌促性腺激素释放激素，再促进腺垂体促卵泡激素和黄体生成素的分泌，两者协同作用于卵巢，调节卵泡的生长发育。随着卵泡的成熟，雌激素分泌增加，雌激素一方面作用于生殖器官，另一方面与少量孕酮协同作用于中枢神经系统时，动物有发情表象。雌激素通过负反馈抑制黄体生成素的分泌，正反馈引起促卵泡激素的分泌高峰，使卵泡最终发育成熟并排卵。排卵后形成黄体，分泌孕酮。雌激素则大幅度下降，进而腺垂体促卵泡激素和黄体生成素的分泌减少，新卵泡不再发育，动物进入发情后期和间情期。如果动物未受精，则黄体在前列腺素作用下退化，致使孕酮分泌下降并解除了对下丘脑和腺垂体的抑制作用，转入下一个发情周期。

第四节　受精、妊娠和分娩

雌性动物的生殖系统包括卵巢、输卵管、子宫、阴道和尿生殖前庭。卵巢具有生成卵和内分泌作用，输卵管具有输送卵子的作用，子宫是胎儿发育的场所，阴道和尿生殖前庭是交配器官和产道。

一、受精

精子和卵子结合形成合子的过程称为受精。精子和卵子在受精前，无论精子还是卵子都需要经过一定时间才能到达输卵管壶腹部，在这一过程中需要经历一定的变化，为受精做好准备。

（一）精子、卵子在受精前的准备

1. 精子在受精前的准备

（1）精子去能　在附睾和精液中存在一种叫"去能因子"的物质，它使精子的受精能力受到抑制。当精子进入雌性生殖道内后，"去能因子"被解除，从而获得受精能力。

（2）精子获能　精子在雌性生殖道内需经历一系列变化而获得使卵子受精的能力，称为精子获能。

2. 卵子在受精前的准备

卵子排出后要运行至壶腹部才能受精。它在运行过程中也与精子一样发生一系列变化，以达到成熟程度。各种动物卵子的成熟过程并不一样。牛、绵羊和猪排出的卵子虽然已经过第一次减数分裂，但还需要进一步发育才能达到受精所需的要求。马排出的卵子仅处于初级卵母细胞阶段，在输卵管中需要进行又一次成熟分裂。

（二）受精过程

受精过程主要分为以下 3 个步骤。

1. 精子与卵子相遇

由于卵子外周存在由放射冠、透明带组成的保护层，因此，获能精子与卵子在受精部位相遇后，两者并不能结合，只有待卵子的保护层溶解后才能实现受精。精子的顶体是由膜包裹的溶酶体样结构，当精子与卵子相遇后，顶体破裂形成许多囊泡，各种酶溢出，以溶解放射冠，使精子穿过放射冠，到达透明带的外侧。顶体结构的囊泡形成和顶体内酶的激活与释放，称为顶体反应。

2. 精子进入卵子

精子穿过放射冠后，附着于透明带。此后，精子穿过透明带，并实现精、卵质膜的融合。

精子穿过透明带：透明带表面存在有种属特异性的精子受体，以利于精子、卵子之间的识别，防止异种精子的闯入。由精子顶体反应释放的蛋白酶，顶体酶等破坏糖蛋白结构，进而引起透明带的溶解，最后精子穿过透明带。

精卵质膜的融合：一旦精子穿过透明带后，在质膜融合时发生了皮质反应、透明带反应和卵黄膜反应，以防止多精受精作用。皮质反应是最初的反应，当精、卵膜接触时，卵膜发生局部电位变化，整个反应从精子入卵处开始，并向四周扩展，以制止其他精子膜与卵膜融合。此后，出现透明带反应，这种反应的实质是穿过透明带的精子触及卵黄膜后，可引起卵黄膜的收缩，卵黄膜内有关物质进入透明带，进而使透明带变性硬化，并重新封闭，以阻止随后到达的精子进入。当精子头部与卵黄膜接触时，随着卵黄的紧缩，卵黄膜增厚，并排出部分液体，进入卵囊周围，这一过程称为卵黄膜反应。此后，不再允许其他精子通过卵黄膜，这种反应是保证单精子受精的又一道屏障。

3. 精子与卵子融合成为合子

精子进入卵细胞后，激发卵细胞完成第 2 次成熟分裂，排出第二极体，形成核仁和核膜，成为雌性原核。进入卵细胞的精子也发生一系列变化，精子尾部迅速退化，细胞核膨大，出现核仁、核膜，形成雄原核，随即与雌性原核融合，形成一个拥有 2n 染色体的受精卵，即合子。

二、妊娠

妊娠是指受精卵在动物子宫内生长发育为成熟胎儿的过程。

（一）妊娠识别

卵子受精后进行细胞分裂形成胚泡期间产生某些因子，向母体发出信号，使母体识别胚胎的存在。母体也作出相应的反应，包括子宫上皮增厚、分泌增加，为胚泡附植做准备。卵巢妊娠黄体继续分泌孕酮，抑制子宫前列腺素的释放，并反馈作用于下丘脑、垂体，抑制新卵泡的发育和排卵，维持妊娠状态。受精后不久，受精卵能产生一种早孕因子，可对抗母体对胎儿的免疫排斥，使胚胎得以生存。

（二）附植

受精卵沿输卵管向子宫移行的同时，进行细胞分裂称卵裂。约 3d，即变成 16～32 个细胞的桑葚胚。约 4d，桑葚胚进入子宫，继续分裂，体积扩大，中央形成含有少量液体的空腔，此时的胚胎称囊胚。囊胚逐渐埋入子宫内膜而被固定，这个过程称为附植。此时胚胎与母体建立密切联系，开始由母体供应营养和排出代谢产物。从受精到附植所需时间：牛为 45～75d，羊为 16～20d。

（三）妊娠的维持

正常妊娠的维持有赖于垂体、卵巢和胎盘分泌的激素相互配合来完成。附植后的胚泡由胎盘提供营养，使胚泡在子宫内继续生长、发育直至分娩的生理过程，称为妊娠的维持。

1. 胎膜

附植后胚泡继续发育，逐渐形成一个由羊膜、尿囊膜和绒毛膜组成的结构，成为胎膜。

（1）羊膜 包围着胎儿，形成羊膜囊，囊内充满羊水，胎儿浮于羊水中。羊水有保护胎儿和分娩时有润滑产道的作用。

（2）尿囊膜 在羊膜的外面，形成囊腔，叫尿囊，内有尿囊液。

（3）绒毛膜 位于最外层，紧贴在尿囊膜上，表面有绒毛。牛和羊的绒毛散布于绒毛膜的表面，并聚集成许多丛，叫绒毛叶。除绒毛叶外，绒毛膜的其余部分是平滑的。猪和马的绒毛分布于整个绒毛膜的表面。

2. 胎盘的形成与分类

胎盘是由胎膜的绒毛膜和妊娠子宫黏膜共同构成。前者称为胎儿胎盘，后者称为母体胎盘。2 种胎盘都有丰富的血管分布，并相互交换物质。胎盘根据其结构分为 4 类。

（1）弥散型胎盘 胎盘上皮绒毛均匀地分散在绒毛膜的表面。如猪、马和骆驼的胎盘。

（2）子叶型胎盘 胎盘上有子叶结构，并覆盖有许多绒毛，而子叶之间无绒毛分布。如牛、羊的胎盘。

（3）带状胎盘 胎盘呈长形囊状，绒毛集中于绒毛膜的中央，呈环带状。如猫、犬的胎盘。

（4）盘状胎盘 绒毛膜上的绒毛集中于一圆形区域，呈盘状。如人和灵长类的胎盘。

3. 胎盘的功能

（1）物质交换功能 胎盘是胎儿与母体进行物质交换的器官。

（2）屏障作用 胎盘对各种物质的通过进行严格的选择。

（3）免疫功能 胎盘的胎儿胎盘部分是母体的同种移植物，胎盘特定的免疫作用使胎盘、胎儿免受母体的排斥。

（4）分泌功能 胎盘可分泌雌激素、孕激素、松弛素、催乳素等激素。

4. 妊娠时母畜的变化

母畜妊娠后，为了适应胎儿的生长发育，各器官的生理功能都发生一系列的变化。

①妊娠黄体分泌大量孕酮，促进附植、抑制排卵和降低子宫平滑肌的兴奋性，刺激乳腺发育准备分泌乳汁。

②随胎儿发育，子宫体积和重量逐渐增加，腹部内脏器官受子宫挤压向前移动，引起消化、循环、呼吸和排泄等一系列变化。如胸式呼吸，呼吸浅而快，肺活量降低；血浆容量增加，血液凝固能力提高，血沉加快。到妊娠末期，血中碱储减少，出现酮体，形成生理性酮血症；心脏工作负担增加，出现代偿性心肌肥大；排尿排粪次数增加，尿中出现蛋白质等。

③为了适应胎儿发育的特殊需要，甲状腺、甲状旁腺、肾上腺和脑垂体表现为妊娠性增大和机能亢进；母畜代谢增强，食欲旺盛，对饲料的利用率增加，显得肥壮，被毛光亮平直。妊娠后期，由于胎儿的迅速生长，母体需要养料较多，如饲料和饲养管理条件差，就会逐渐消瘦。

(四) 妊娠期

从卵子受精到正常分娩所经历的时间，称为妊娠期。各种动物妊娠期见表 12 - 4。

表 12 - 4   家畜的妊娠期

家畜的种别	平均妊娠期 (d)	变动范围 (d)
牛	282	240 ~ 311
水牛	310	300 ~ 327
绵羊、山羊	152	140 ~ 169
猪	115	110 ~ 140
马	340	307 ~ 402

三、分娩

母体怀孕期满，发育成熟的胎儿被母畜通过生殖道将胎儿、胎水、胎衣排出的生理过程称为分娩。

(一) 分娩过程

分娩过程一般可分为 3 个时期：开口期、胎儿产出期和胎衣排出期。

1. 开口期

开口期的关键是子宫颈的开放。这一过程是子宫间歇性收缩的结果，开始时收缩频率较低，以后频率增加，时间延长，但间歇时间缩短，一直到子宫颈完全开放。此阶段外表无明显症状，主要动力是阵缩。

2. 胎儿产出期

从子宫颈完全开放至胎儿排出。子宫更为频繁而持久地收缩，此期腹肌、膈肌收缩，努责明显，外表症状显著。

3. 胎衣排出期

从胎儿排出后到胎衣完全排出。胎儿排出后，经短时间的间歇，子宫又收缩，使胎衣与子宫壁分离，随后排出体外。胎衣排出后，子宫收缩压迫血管裂口，阻止继续出血。

（二）分娩的机制

分娩是一个复杂的生理过程。机械因素、免疫排斥、神经等对于分娩均有影响。激素更是具有重要的调节作用，如促肾上腺皮质激素释放激素、促肾上腺皮质激素、肾上腺皮质激素、雌激素、孕酮、松弛素、催产素、前列腺素等。

第十三章　泌　　乳

第一节　乳腺的发育

乳腺是一种皮肤腺。泌乳包括乳的分泌和乳的排出两个独立又相互制约的过程。乳腺在妊娠过程中发育完全，在分娩后持续分泌乳汁的时期称为泌乳期。从乳腺停止泌乳到下次分娩为止的一段时期，称为干乳期。

一、乳腺的组织结构

乳房由皮肤、筋膜和实质构成。乳房实质由乳腺组织和结缔组织构成。乳腺组织包括腺泡和导管系统两部分。腺泡是单层上皮细胞，每一个腺泡类似一个小囊，有一细小的乳腺管与导管系统相通。腺泡上皮附着在间质上，间质内有丰富的毛细血管，腺泡外表面还有肌上皮细胞包围（图13－1）分泌的乳汁进入导管系统。腺泡周围有一层致密的基膜，内有毛细血管网。导管系统由一系列复杂的管道组成，腺泡分泌的乳汁→细小乳导管→中等乳导管→粗大乳导管→乳池（图13－2）。乳池是乳房下部及乳头内储存乳汁的较大腔道，经乳头末端的乳头管向外界开口。

二、乳腺的发育和回缩

（一）乳腺的发育

家畜的乳腺生长发育呈明显的年龄特点。

1. 出生到初情期

出生到初情期只有简单的导管，并以乳头为中心向四周辐射。

2. 初情期

初情期乳腺快速增长，并伴随着脂肪的积聚，乳导管系统生长迅速。

3. 妊娠期

妊娠早期乳腺导管系统进一步扩展并分支，形成腺小叶间的导管，并出现腺泡，此后小叶日益明显，至最后2个月，腺泡明显增大，并充满大量脂肪球分泌物。临产前腺泡分泌初乳。

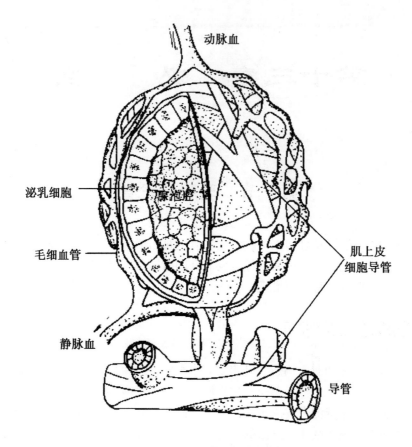

动脉血

泌乳细胞

腺泡腔

毛细血管

肌上皮
细胞导管

静脉血

导管

图 13 – 1　乳腺腺泡的组织结构

4. 泌乳期

泌乳期乳腺细胞数目增加，乳腺组织发育完全，直至泌乳高峰期。

（二）乳腺的回缩

泌乳动物经过泌乳高峰期之后，腺泡的体积开始逐渐缩小，分泌腔渐趋消失，与此同时，导管系统也渐渐萎缩，腺组织相继被结缔组织和脂肪组织所代替，这一生理过程称为乳腺回缩。乳腺进入回缩期后乳房体积缩小，泌乳量逐渐减少，最后泌乳停止。到第 2 次妊娠后，乳腺实质重新生长发育。为了完成上述的改建过程，母牛需要有 40 ~ 60d 的干乳期。

第二节　乳的分泌及其调节

泌乳是指乳腺的分泌细胞从血液摄取营养物质，生成乳后，分泌进入腺泡腔内的生理过程。

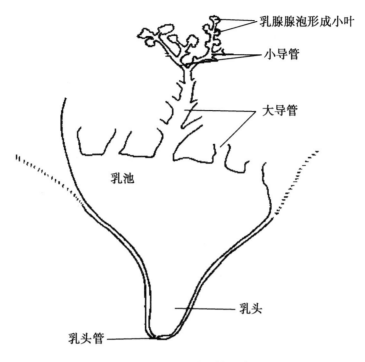

图 13 - 2　乳腺的导管系统

一、乳的生成过程

当大量血液流经乳腺毛细血管时，腺泡上皮细胞能选择性地吸收血浆中的营养物质，并将其中的一部分物质浓缩，而将另一部分物质经酶的作用，改变成乳的成分。乳中的酪蛋白是血液中的氨基酸合成的；乳糖则是血液中的葡萄糖合成的；乳中的球蛋白、酶、维生素和无机盐则是乳腺上皮细胞由血液选择性的吸收后，加以浓缩而形成的。

乳分为初乳和常乳，雌性动物分娩后最初 3d 或 5d 内所产的乳称为初乳。初乳期过后，乳腺所分泌的乳称为常乳。

（一）初乳

1. 初乳的性状

初乳浓稠，淡黄色，稍有咸味。

2. 初乳与常乳比较的特点

①初乳脂肪、蛋白质、无机盐含量高，乳糖含量低。

②初乳磷、钙、钠和钾含量大约为常乳的 1 倍，而铁的含量则比常乳高 10 ~ 17 倍。富含镁盐，有缓泻作用，能促进初生动物排出胎粪。

③初乳富含维生素，特别是维生素 A、维生素 C 和维生素 D 分别比常乳高 10 倍、10 倍和 3 倍。

④特别有意义的是初乳中含有丰富的免疫球蛋白，新生仔畜在产后 24～36h，免疫球蛋白可以通过肠壁，建立仔畜的被动免疫体系，故出生后及时吃上初乳是至关重要的。

初乳成分逐日改变，乳糖不断增加，蛋白质和无机盐逐渐减少，6～15d 后成为常乳，见表 13－1。

表 13－1　乳牛初乳化学成分的逐日变化情况

产犊后天数	1	2	3	4	5	8	10
干物质（%）	24.58	22	14.55	12.76	13.02	12.48	12.53
脂肪（%）	5.4	5	4.1	3.4	4.6	3.3	3.4
酪蛋白（%）	2.68	3.65	2.22	2.88	2.47	2.67	2.61
清蛋白及球蛋白（%）	12.4	8.14	3.02	1.8	0.97	0.58	0.69
乳糖（%）	3.34	3.77	3.77	4.46	4.89	3.88	4.74
灰分（%）	1.2	0.93	0.82	0.85	0.8	0.81	0.76

（二）常乳

各种哺乳动物的常乳都含有水、蛋白质、脂肪、无机盐和维生素等成分，见表13－2。

表 13－2　各种家畜乳的化学成分

畜别	干物质（%）	脂肪（%）	蛋白质（%）	乳糖（%）	灰分（%）
乳牛	12.8	3.8	3.5	4.8	0.7
山羊	13.1	4.1	3.5	4.6	0.9
绵羊	17.9	6.7	5.8	4.6	0.8
猪	16.9	5.6	7.1	3.1	1.1
马	11.0	2.0	2.0	6.7	0.3

乳中的蛋白质主要是酪蛋白和乳清蛋白，此外，还有乳脂肪球蛋白。乳中的脂肪叫乳脂，乳脂的主要成分是甘油三酯，还有甘油一酯，甘油二酯，游离脂肪酸，以及磷脂和固醇，它们形成很小的脂肪球悬浮于乳汁中。乳中唯一的糖是乳糖，可被乳酸菌分解为乳酸。无机盐主要包括钠、钾、钙和镁的氯化物，也以硫酸盐和磷酸盐的形式存在。乳中钙、磷的含量比较丰富，铁的含量比较缺乏，特别对仔猪，为避免贫血，通常初生仔猪都需补铁。

二、排乳

乳汁从腺泡和导管系统向乳池迅速转运的过程称为排乳。排乳是一个复杂的反射过程，涉及神经和内分泌调节途径。乳分为乳池乳、反射乳和残留乳。乳池乳是指最先排出的乳，当乳头括约肌开放，靠重力就可排出，占总量 1/3～1/2。反射乳是指通过排入反射排除，占总量 1/2～2/3。残留乳是指反射乳排完后残留的乳，与新生成乳混合再排出体外。

（一）排乳反射神经途径

当吸吮和挤奶时刺激乳头和乳房皮肤的感受器→传入神经（精索外神经）→脊髓→传出神经（交感神经和精索外神经）→乳腺导管平滑肌收缩而排乳。

（二）排乳反射神经－体液途径

当吸吮和挤奶时刺激乳头和乳房皮肤的感受器→传入神经（精索外神经）→脊髓→下丘脑室旁核和视上核→神经垂体释放催产素→乳腺腺泡和终末乳导管周围的肌上皮细胞收缩，排乳。

（三）排乳抑制

在生产中，乳牛排入反射常因环境吵闹、不规则操作等异常刺激干扰，而发生排乳抑制。

1. 排乳反射的中枢抑制

由于高位中枢受到异常刺激，进而引起神经垂体催产素释放减少。

2. 排乳反射的外周抑制

由于应激时交感神经和肾上腺髓质的活动加强，肾上腺素和去甲肾上腺素分泌增加，乳导管和血管平滑肌的紧张性增强，血流量下降，以致到达肌上皮的催产素减少，乳导管部分闭塞。

排乳反射是受大脑皮层控制的。在生产中，挤乳的时间、地点、各种挤乳设备、环境吵闹、不规范操作等异常刺激干扰而发生排乳抑制，以致产奶量下降。这是因为上述的不良刺激，可以阻止神经垂体中催产素的释放，并能引起肾上腺髓质释放肾上腺素，使乳房的小动脉收缩、血液流量下降，以致到达肌上皮的催产素减少，从而引起腺泡和细小乳导管四周的肌上皮细胞和平滑肌收缩抑制，腺泡乳排出减少，导致产奶量下降。

参考文献

［1］陈杰．家畜生理学（第四版）［M］．北京：中国农业出版社，2007.

［2］赵茹茜．动物生理学（第五版）［M］．北京：中国农业出版社，2011.

［3］金天明．动物生理学［M］．北京：清华大学出版社，2012.

［4］郑行，乔惠理．动物生理学复习指南暨习题解析（第五版）［M］．北京：中国农业大学出版社，2011.

［5］董常生．家畜解剖学（第四版）［M］．北京：中国农业出版社，2012.

［6］李敬双，于洋．动物解剖与组织学实验教程［M］．北京：清华大学出版社，2010.